在我即将退休的时刻，
要感恩艰难生活的磨炼，
要感恩改革开放的时代，
要感恩众多关爱我的领导，
要感恩所有包容我的部下，
要感谢默默支持我的妻子，
要感谢始终激励我的儿子，
谨以此书
献给我六十一岁生日，
也作为我退休的纪念。

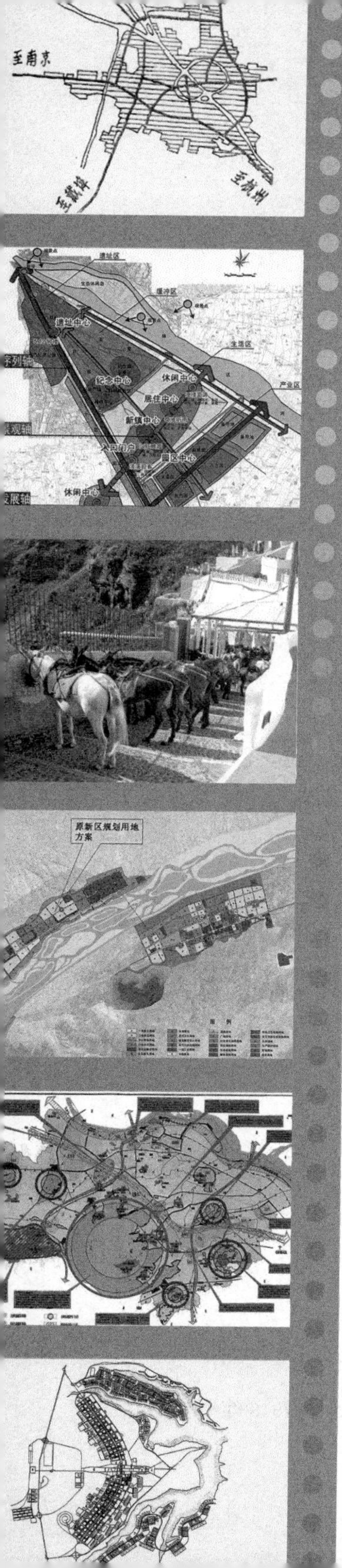

我的规划历程

WO DE GUIHUA LICHENG

张鑑 著

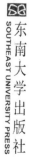

东南大学出版社
SOUTHEAST UNIVERSITY PRESS

图书在版编目（CIP）数据

我的规划历程／张鑑著. —南京：东南大学出版社，2018.4

ISBN 978-7-5641-7673-0

Ⅰ. ①我… Ⅱ. ①张… Ⅲ. ① 城市规划—中国—文集
Ⅳ. ①TU984.2-53

中国版本图书馆CIP数据核字（2018）第046684号

我的规划历程

著　　者	张　鑑
出版发行	东南大学出版社
地　　址	南京四牌楼2号　（邮编210096）
出 版 人	江建中
责任编辑	张新建
网　　址	http://www.seupress.com
电子邮箱	press@seupress.com
经　　销	新华书店
印　　刷	江苏凤凰数码印务有限公司
开　　本	700mm × 1000 mm　1/16
印　　张	16.25
字　　数	290千字
版　　次	2018年4月第1版
印　　次	2018年4月第1次印刷
书　　号	ISBN 978-7-5641-7673-0
定　　价	58.00元

（本社图书若有印装质量问题，请直接与营销部联系，电话：025-83791830）

自　序

因为特殊的年代，特殊的家庭成分，一个连高中都没有权利上的我，趁改革开放的东风，能考上城里的一所学校，从农村进到城市，这已经是天大的喜事。进什么学校，学什么专业已经完全不重要了，重要的是率先实现了“城市化”，这比什么都重要。

我在学校不是学城市规划专业的，却从事了一辈子的城市规划工作。在几十年的工作历程中，根据工作的需要，用什么学什么，现学现用，不断总结提炼，收到了很好的效果。时至今天，我相信，社会是一所真正的大学校，只要有心，只要努力，也是可以学到需要的知识的。

1978年，是我离开家乡宜兴到南京上学的那年，也正是那一年，江苏省城市规划院组建成立，冥冥之中，注定了我与城市规划不解的缘分，而且是一辈子的缘分。

我在江苏省城市规划院工作了十八年，后来因工作需要，组织调动到江苏省建设委员会、江苏省建设厅、江苏省住房和城乡建设厅工作也是十八年。

期间，虽然因组织需要轮岗任城市建设和管理处处长两年，还到新疆维吾尔自治区克孜勒苏柯尔克孜自治州援建三年，但两个十八年的工作历程，基本上没有离开城市规划，而且城市规划的思路和方法始终随我左右。

我虽然不是学城市规划专业的，但我喜欢城市规划这个专业，也喜欢从事城市规划这个职业，不仅仅因为可以挣钱养家糊口，而是因为城市规划的理论和方法，更是因为城市规划跨越自然科学和社会科学，有其特殊的魅力。

因为要养家糊口，因为要长期从事这份工作，所以就必须琢磨点什么，思考点什么，交流点什么。虽然与高雅的学术几乎无关，但毕竟会留下些许文字，自要好的说法叫论文，其实，距离论文的标准还差一大截。

人到退休，总想对自己做个总结，回过头来看看，没有脚印，只有些许附有文字的纸片，信手拈来一部分，做个汇编。有关城市交通的文章，大部分已于2010年汇编成《我的交通历程》，这里的文章，基本都与城市规划有关，按时间序列汇编，就称之为《我的规划历程》吧。

这些个事，其实是非常私人化的事，与他人无关，绝无普度众生的意思和意义，仅仅是给自己一个交代，仅仅是自我安慰罢了。而且，早年的观点有些也不一定正确，但这就是历程。

也许，人就像个皮球，临退休前，不应继续充气，而应适度的放气。也许，自己要备个大头针，隔三差五的戳一下，有计划的放掉点气，时至退休，气压适度，平和退休，对自己，对家庭，对社会，都是件好事。

2018年5月21日

目 录

小城镇排水工程规划探讨

我在南京建筑工程学校（现在的南京工业大学）学的第一个专业是城市给水排水，参加工作以后，也是从城市给水排水开始起步的。因为我的第一个工作单位是江苏省城市规划院（现在的江苏省城市规划设计研究院），所以也是从给水排水规划开始的，就专业而言，给水排水规划是相对中观和宏观的，这在当时的学校中是较少涉及的，但这却意味着我一生规划职业生涯的开始，也许这就是缘分。

应该说，上世纪八十年代初的技术人才是极其缺乏的，我们年轻人的学习欲望是极其强烈的，所以，只要是领导交办的工作，我们都会不计代价，不计报酬的努力学习，努力工作，努力去完成任务，以致我从城市给水排水专业开始，逐步拓展到电力、电信、燃气、供热专业的规划，大大地开拓了自己的工作领域，这也为后来全面介入城市规划领域奠定了良好的基础。本文是我参加工作以后写的第一篇论文，尽管历经磨难，花费了许多时间，但为我日后的写作积累了经验，奠定了基础，从此养成了边工作、边学习、边总结的良好习惯。

城镇排水工程是城镇重要的基础设施，其主要作用为：城镇雨水、污水的收集和排除；城镇污水的处理和处置。其基本的特点之一是系统性，而系统的形成必须进行有计划的规划与建设。因此，编制排水工程规划，并作为规划管理和工程建设的依据，使排水工程设施按照城镇发展的需要形成完整的系统就显得特别重要。本文拟在总结排水工程规划经验的基础上，就排水工程规划中的若干问题谈谈个人的看法。

一、规划依据

首先，排水工程规划是城镇总体规划的一个专项规划，可以和总体规划同时进行，也可以在总体规划的基础上单独进行，但就规划设计的程序而言，排水工程规划必须以总体规划为依据。其次，排水工程规划所解决的基本问题，如排水体制、管网布置、管径大小、水量估算、污水处理厂规模和选址以及污水排放口位置等取决于城镇总体规划的城镇性质、城镇用地、人口规模、路网布置、土地利用、工业布局、工业门类、水系规划等诸方面的内容。排水工程规划必须而且也只能以城镇总体规划为依据，否则将无从下手。

二、排水体制

排水体制确定得恰当与否，直接关系到排水工程规划的经济性、合理性和可行性。对于新建的城镇和街区，采用分流制，看法比较一致，而对于建成区，尤其是老城区采用何种排水体制，其看法则不尽相同。笔者以为，老城区街巷狭窄、管线复杂、障碍众多、卫生设施差、改造困难，因此，排水体制的确定就不能简单论定，而应该根据建筑质量、性质、位置、街巷状况以及城镇总体布局和街区的改造规划等多方面的因素分别对待。对于近期列入改造的街区，可以采用分流制并和街区改造同时完成。对于房屋质量差，但又必须保留的具有地方民居特点的街区，可以根据具体情况进行局部或全部改造，改造确有困难时也可以保留合流制排水体制。对于街区内部分流有困难，但具备截流条件的地段，可以考虑设置截流管道。对于列入远期改造的街区，可以在周围道路上布置分流制管道，而在街区内部，近期仍保留合流制排水管道，远期改造成分流制。因此，在一个城镇中，不只是采用单一的排水体制，而往往是合流制和分流制同时并存。即使在一个街区，也可以两种排水体制并存，根据具体条件的不同，能分则分，难分则合，灵活机动。

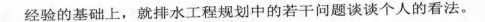

三、排水量的预测

在排水工程规划中，水量预测的结果对管网管径的选择、污水处理厂规模的确定影响很大。水量预测的依据是城镇总体规划中所确定的人口、用地、经济、工业等方面，预测年限和总体规划相一致，一般为十五至二十年。由于规划年限长，不确定因素多，所以水量预测不像排水设计那样可以根据居住人口和工厂企业的职工、产品等条件按指标计算，而只能根据总体规划设想进行宏观的估算。这不仅需要寻找与之相适应的估算方法，而且给预测结果的准确程度带来一定的困难。目前，排水工程规划中水量预测的方法主要有四类，即比值法、产值法、用地法和增长率法。四类方法都涉及相关参数的选用和确定，而且参数确定得合理与否直接影响到预测结果的准确程度。因此，应对具体城镇的人口结构、经济发展战略、工业门类、土地利用、淡水资源、地理位置和生活习惯等各方面的情况进行调查研究、综合分析和相互比较，考虑节约用水、工业用水重复利用和生产工艺改造等因素，并参考相同模型城镇的有关指标参数加以确定。为了弥补各类预测方法存在的缺陷，建议采用数种方法进行估算，相互补充与校核，并在综合分析各种预测结果的基础上确定城镇污水排放总量。例如泰州市的排水工程规划，采用了上述四类方法同时进行预测，最后确定规划期末 2000 年的排水总量为 20 万吨 / 日。在小城镇，生活污水和工业污水的比例一般为 3∶7 ～ 4∶6，单位产值排水量一般为 200 吨 /（万元 • 年），单位工业用地排水量一般为 10 万吨 /（公顷 • 年），污水排放递增率每年一般为 10% ～ 15%。

四、污水处理厂

在城镇排水工程规划中，一般都考虑设置污水处理厂，这是一种被人们所普遍接受解决城镇污染的有效方法之一。但是，目前城镇污水处理厂付诸实施的很少，和西方工业发达国家相比有很大的距离。

随着我国经济的发展、社会的进步和人们对环境质量要求的提高，污水处理将越来越为人们所重视。因此，在城镇排水工程规划中，要做好

国家	统计年份	人口（亿）	厂数（座）	服务人口（万人／座）
美国	1976	2.10	22600	0.93
西德	1969	0.60	6048	0.99
法国	1973	0.50	6000	0.83
英国	1973	0.56	5000	1.12
瑞士	1974	0.08	1450	0.55
日本	1973	1.10	318	34.59
中国	1981	10.00	73	1369.86

污水处理厂的规划，而且着重要解决好污水处理厂的规模、处理深度和厂址选择等问题。关于处理规模和深度，应本着实事求是的精神，近期规模可以小些，处理深度可以浅些，远期规模应该大些，可以根据经济实力分期分批实施，但作为污水处理厂的用地，必须统一规划，一次预留并加以控制。不同规模的污水处理厂用地可按下列指标大致控制，0.5万吨／日为0.5公顷，1万吨／日为0.8公顷，2万吨／日为1.5公顷，5万吨／日为3公顷。污水处理厂的厂址选择对城镇布局影响较大，必须综合考虑工业布局、土地利用、自然条件、环境保护、岸线利用、水系分布和水系纳污能力、水厂水源地位置等多方面的因素加以综合确定，并且要考虑污水处理厂尾水对水体的影响以及污水处理厂发生事故时，污水直接排放后对水体污染所造成的影响，要满足城市总体规划的要求。

五、综合治理

城镇排水工程规划及其实施与许多方面有关，首先受国家和地方的环保政策和法规制约，其次与城镇的经济条件有关，第三与市政工程、环境保护工程、防洪工程、市河整治工程有关，第四与城镇居民的文明程度和对环境质量的要求有关。因此，排水工程规划及其实施必须要和各个方面取得协调，而城镇水污染必须综合治理。

本文原载《江苏城市规划》 1989年第4期

溧阳县城路网演变过程研究

我这辈子学的第二个专业是同济大学的公路和城市道路，原本希望继续学习城市给水排水专业，但却阴差阳错的学了这个专业，没想到毕业时，社会开始关注并重视城市交通了，这给了我很大的鼓舞和自信。后来，随着改革开放的不断深入，社会经济的快速发展，城市交通问题越来越受到各方面的高度重视，这给我研究城市交通创造了极好的社会条件。长期在江苏省建设厅城乡规划处的工作经历，也给了我很好的机会，以致才有我的文集《我的交通历程》。

我研究城市交通问题是从溧阳市城市总体规划开始的，因为参与编制溧阳市的城市总体规划，使我有机会结合城市总体规划研究城市交通规划，也深刻体会并理解城市交通在城市总体规划中的地位和作用。在溧阳的总体规划编制过程中，我不仅研究了路网的演变过程，而且也深入地研究了自行车交通，《溧阳县城路网演变过程研究 》是我写的第一篇有关城市交通的文章。

溧阳县城路网的演变过程大致可分成三阶段：①街道初步形成阶段（903-1929 年）；②道路随过境公路演变阶段（1929-1981 年）；③路网按规划意图演变阶段（1981-1989 年）。现分述如下。

一、溧阳县城自唐天复三年（903 年）从今旧县迁至今溧城镇已有 1086 年的历史。至清嘉庆年间，溧阳县城的城池仍位于现存的护城河以内，主要街道有东西大街和南北大街，见图 1。东西大街的走向使得

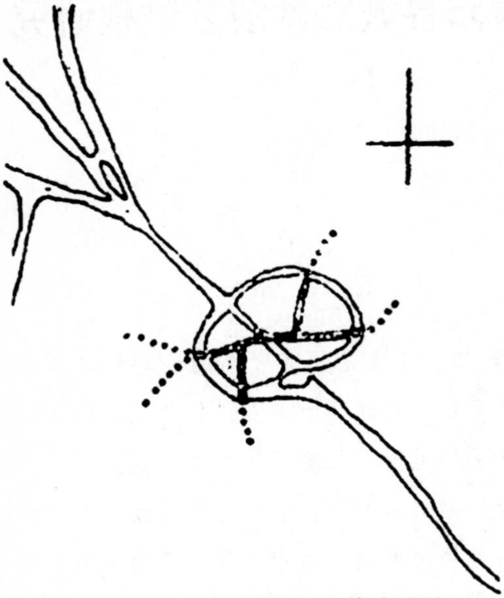

图 1　清嘉庆年间溧阳县城路网图

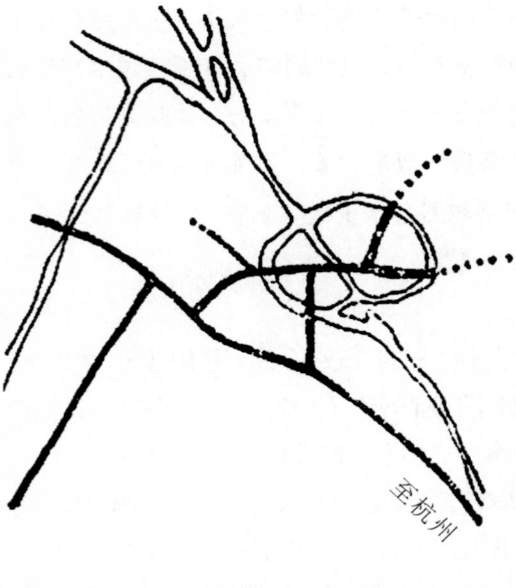

图 2　五十年代末溧阳县城路网图

沿街建筑的朝向良好、呈南偏东 10° 左右，建筑物和街道的关系容易处理，这可能是东西大街定向的主要理由。但是，东西大街和城中河斜交；南、北大街和城中河又不平行这种相对关系，在规划上是很难处理的。在当时，道路交通主要是行人，而货运和对外交通主要靠水运，因此，对道路的要求较低，但在此基础上演变至今，就显现出“先天不足”。

二、1929 年宁杭公路建成通车后，南大街和西大街先后向外延伸并和宁杭公路相接。1958 年，溧戴公路建成通车，这样城区西南部的区位条件和交通可达性明显地优于城区东北部。因此，城市由主要依靠河流而开始逐步转向依托公路朝西南部发展，见图 2。这里宁杭公路的走向与东西大街、城中河的相对关系也不够理想，而且城区内部路网的发展杂乱无序，路网演变至此，实际上已经存在着严重的潜在危机。在小城市，尤其是城市形成的初期，过境公路往往就是后来的城市道路，最初公路定线时考虑了组织过境交通的合理性，却较少考虑到和城市主要交通干线（街道、河流、铁路等）的相对关系

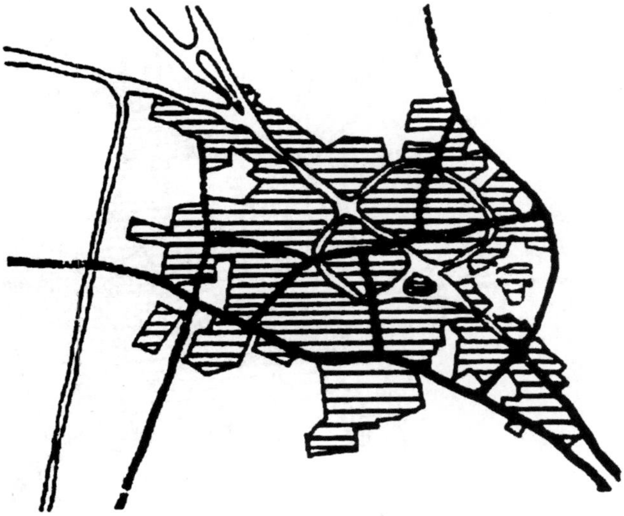

图 3　1981 年溧阳县城路网图

的合理性，这为城市的继续发展和演变形成了隐患。

1981 年，溧金公路基本形成，东大街和北大街分别向外延伸并和溧金公路相接，形成了 80 年代初期的路网，见图 3。在此之前路网的演变很大程度上取决于过境公路，城区路网的建设没有系统的规划，使得原有的问题更趋严重。进入 80 年代，机动车和以自行车、板车为主的非机动车交通已有一定程度的增长，因此，交通矛盾开始形成。

三、进入 80 年代，城市规划工作得以重视。1982 年编制了溧阳县城总体规划，并专项编制了交通道路规划。在“老城区逐步形成放射环型网状，新城区建成方格网状”的方针指导下，对城区路网做了全面的调整和规划。在原有路网的基础上，完善了放射状路网并形成了环路，见图 4。这样使得路网布局趋向合理、系

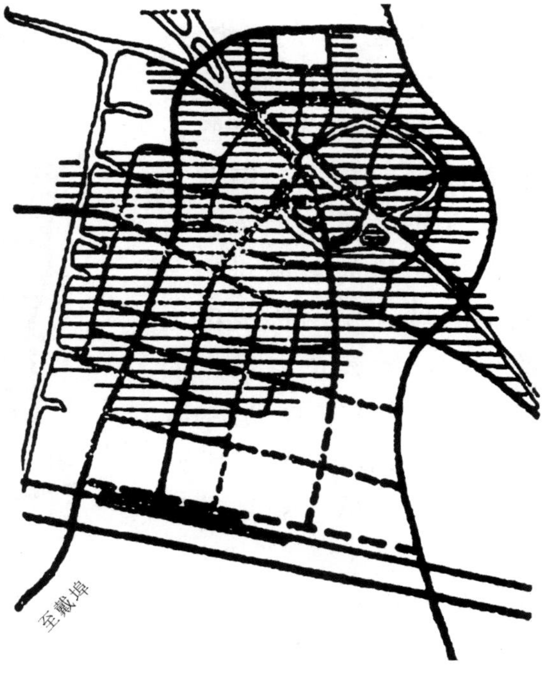

图 4　1982 年溧阳县城规划路网图

统趋向完善、功能趋向明确。从此，系统的规划意识开始影响路网的演变。

1982年规划对于80年代城市的迅速发展起了较大的指导作用。东西大街和南大街的拓宽、环城路和燕山路的形成、平陵路的拓宽和图塘路的形成等，基本上都是按规划实施的。对适应交通量的迅速增长，以及为路网的进一步发展和完善创造了条件，见图5。但是，由于80年代经济和城市的迅速发展，原规划人口和用地规模均已突破，宁杭公路过境车辆的猛增对城区的干扰日趋严重。随着城区的扩大，南北方向交通不畅日益明显。自行车交通量的猛增对尚未完善的城区路网构成很大的压力，尤其是老城区的路网尚未完全按规划实施，所以矛盾比较突出。因此有必要对原总体规划进行修编。

1989年修编规划所形成的路网方案见图6。在1982年规划的基础上，首

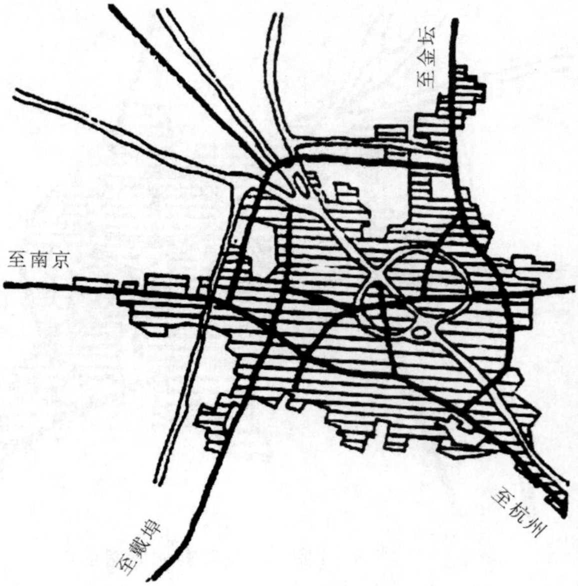

图5　1989年溧阳县城路网图

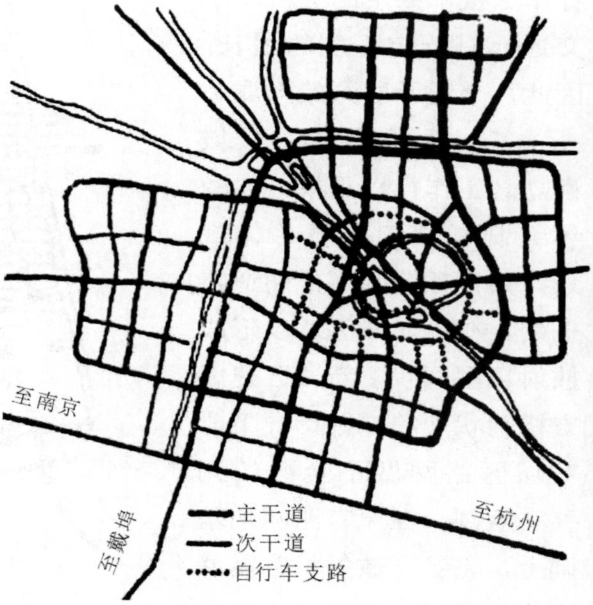

图6　1989年溧阳县城扩编路网方案图

先考虑宁杭公路南移；其次完善放射形主干道并加强南北方向的联系；沿放射形交通干线在东南西北四个方向形成四个路网呈方格网状的组团；强化环形主干道将四个组团联系在一起。这样规划路网的布局和功能相对比较合理。在规划新区尽可能在布局上做到就业平衡，减少交通量的产生。同时，针对溧阳县城自行车交通问题突出的状况，在规划新区采用主次干道相间布置的做法，主干道承担以机动车为主的混合交通，次干道承担以自行车为主的混合交通。在老城区则利用现有小街小巷，整理线形、打通堵头、局部拓宽、架设桥涵，形成自行车支路系统，加强老城区内部的交通联系，提高可达性，并作为干道系统的辅助性道路。今后路网的演变，将取决于规划的调整和规划管理。

四、结论

1. 城市形成初始阶段的路网布局对城市路网的演变影响很大。因此，在小城镇的规划中要非常重视城市骨架——路网的规划的合理性。

2. 过境公路常常成为小城镇未来的城市道路。其走向和位置应该和城镇内部的路网以及其他交通干线取得协调，为城镇的发展创造条件。

3. 随着交通工具和交通方式的变化，城市道路尤其是老城区道路的服务功能也将发生变化。因此，在规划中应注意整治和完善现有路网，以适应交通工具和交通方式的变化，保护交通顺畅。

4. 城市路网是否编制规划并实施，其路网的演变结果大不相同。因此，在城市建设中应非常重视路网规划并始终实施规划。

本文原载《江苏建设科技》1990 年第 1 期

县域基础设施规划中的若干问题

上世纪八十年代、九十年代的规划设计院，专业人员严重缺乏，从事基础设施规划编制工作的人员更加缺乏。一方面，单位要求我们拓展专业领域，满足工作的需要；另一方面，当时从事单一专业，工作量不足，表面上影响个人的收入，实际上直接影响到个人的生计，无奈之下，必须要多干活，多挣钱，以便养家糊口。

所以，我以给水排水专业为基础，边学边用，不断拓展专业领域，综合研究相关的基础设施规划。这样，不仅解决了自己的生计问题，也减少了项目组的人员组成和负担，更满足了单位领导的要求，一举多得。其实，更重要的是拓展了知识面，为后来从事综合性的规划编制和管理工作奠定了良好的基础，但这是后来才体会到的，当时并没有如此高远的志向。

县域基础设施规划与社会经济、城镇体系构成县域规划的三大组成部分，它是县域经济发展的基础，城镇体系的纽带，涉及的专业多、内容广、范围大，需要进行系统地综合。但在规划实践中，受规划编制人员条件的限制，成果往往不令人满意，是县域规划的薄弱环节。本文将就县域基础设施规划涉及的若干问题谈些肤浅的看法。

作用与地位

首先，县域基础设施是一个整体，是一个系统。县域基础设施是更大区域基础设施系统中不可缺少的组成部分，是十分重要的部分。如横贯中国九省区的新海铁路，联结亚、欧两大洲，它在任何一个县域中的一段都是十分重要的，不可缺少的。因此对于县域基础设施作用和地位的评价，不仅要从本县域范围分析，而且应从县域以外的更大区域范围加以分析。

其次，县域基础设施是县域经济起飞和稳步发展的基础。“要致富，先修路”，这是人们熟知的经验。“路”虽然不是基础设施的全部，但由此已充分说明了基础设施在社会经济发展过程中的作用和地位。发展经济没有便捷的交通、充足的能源、快速的通讯、富裕的水资源、良好的生态环境都不行。交通、融通、信息流通等等都是以基础设施为载体。经济发展的规律已经充分揭示了基础设施和社会经济的关系，高速的经济发展必然以完善的基础设施为后盾。

其三，县域基础设施是县域城镇体系形成的前提和发展的条件，是县域城镇构成体系的网架和支撑。我国主要水系（如长江）沿岸之所以聚集着众多的城镇，不仅因为水系是城镇给水的源泉和排水的通道，而且因为水系集客货运输、能源输送、信息传递等多种功能于一体，具有城镇基础设施之综合功能。随着现代基础设施（如交通枢纽、能源基地等）的形成，城镇也将随之形成。因此，县域基础设施（尤其是交通运输设施）的空间分布，不仅影响城镇体系的布局，而且制约着城镇体系的发展。

内容与深度

县域所处区域位置和自然资源以及县域经济发达程度不同，县域基础设施的内容也不尽相同，但最主要也是最基本的内容可以概括为以下六大方面。

1. 能源系统：电、热、水能和燃气等。

2. 交通系统：公路、铁路、航空、内河航运、管道运输、海运及港口等。

3. 水资源系统：给水系统、排水系统、水利设施和水资源综合利用系统等。

4. 邮电通讯系统：通讯、邮政等。

5. 防灾系统：防洪、防震、防火、防风等。

6. 生态环境系统：农业生态、城镇生态等。

县域基础设施规划较城镇基础设施规划高一层次。因此，两者在规划深度上是不一样的。城镇基础设施仅是县域基础设施网络中的某个节点，相对城镇基础规划而言，县域基础设施规划是轮廓性的、粗线条的、控制性的指导性的空间网络规划。在深度上，应在综合汇总各专业部门规划的基础上，致力于解决以下几方面的问题。

1. 县域基础设施与更大区域基础设施之间的关系；

2. 县域城镇体系布局之间的空间联系和网络支撑；

3. 与县域经济发展水平相协调的基础设施发展水平指标；

4. 相对县域经济发展水平和城镇体系所需要和可能的基础设施投资比例。

重视基础设施规划和建设

县域基础设施是县域经济发展的重要条件，是推动县域经济发展的前提，日本和亚洲“四小龙”在经济发展过程中始终把加强基础设施建设摆在重要的地位。韩国在 1962 年至 1971 年的 10 年间，用于铁路、公路、港口、机场、邮电和通讯等社会基础设施方面的资金，约占全部投资的 66% 到 68%，其中外资约占同期向国外贷款 25 亿美元的 63. 2%，截至 1981 年底，用于电力能源、交通运输、城市建设、服务行业的外资达 113 亿美元，占引进外资总额的 54%。新加坡建国以来，一直把发展社会基础设施作为整个经济发展的前提，1959 年至 1980 年总投资的 50% 左右用于开发煤气、水、电、交通运输、城市建设和公共住房的建设，1976 年到 1980 年仅用于水、电建设的资金就达 68 亿美元。因此，必须高度重视县域基础设施的建设，充分认识基础设施投资的综合效益，正确处理基础设施投资和生产性投资的关系。

由于基础设施的建设周期长、投资大，为了保证基础设施有效地为经济建设服务，必须超前建设，为了使有限的资金充分发挥经济效益，必须分期建设。因此，做好县域基础设施的统筹规划，是保证县域基础设施与县域经济协调发展的前提。

值得讨论的两个问题

1. 需要与可能

一般来说，优越的基础设施将伴随着繁荣的经济和密集的城镇群体。因此，县域经济的发展需要以基础设施为前提，城镇群体的存在和发展也需以基础设施为外部条件。与此同时，基础设施的建设取决于县域经济可能提供的建设资金，同样基础设施也只能根据自身状况为城镇提供服务。也就是说，县域基础设施和县域经济及县域城镇体系之间存在着双向的需要和可能的关系。

因此，在县域规划中，处理好基础设施和县域经济及城镇体系之间的需要和可能，寻找三者之间的衔接点是值得县域基础设施规划讨论的问题之一。

2. 综合协调

基础设施这个有机整体的各分项内容，在特定的条件下可以相互转化。据资料，用通讯指挥调度可使运输能力提高 50% 以上，基础施工提高效率 15%；利用长途电话和会议电话可减少 50% 的出差费和会议费，并减少对交通、服务部门的压力；利用通信联系业务，代替出差，可节省交通能源 60%，这里的相互转换的等量关系不一定很确切，但相互之间可以转换确是肯定的。因此，县域基础设施作为各系统构成的整体，其功能并非各系统简单的相加，而是各系统有机结合的整体功效。在规划中要根据当地基础设施的现状和优势，在分析各基础设施部门规划的前提下，提出重点利用和发展的部分，形成符合当地特点的基础设施空间网络体系。因此，综合协调县域基础设施的各个系统，形成县域基础设施的有机整体，充分发挥县域基础设施的整体功效是县域基础设施规划值得讨论的问题之二。

本文原载《江苏城市规划》1991 年第 6 期

城镇规划建设若干发展战略
——丰县发展咨询专题报告之十

在二十世纪九十年代，位于江苏省最北部的徐州市丰县，与苏南的县（市）相比，经济相对欠发达，还是一个需要扶持的贫困县。但当地党委和政府探索发展思路，积极改变现状的意愿十分迫切，工作也十分努力。为了寻求发展思路良策，县委县政府委托江苏省社会科学院专题研究丰县的发展战略。

当时，我还在江苏省城市规划设计研究院工作，应江苏省社会科学院课题组的邀请，我作为课题组的一员，参与了研究工作。有机会系统地了解一个贫困县的社会经济状况，对我来说是一个难得的机会，其实是一次非常有效地走基层和群众路线教育。本文是我负责的专题报告，这是我第一次参与这样的研究工作，显然有些肤浅，但万事总得有个开头。今天看来，是江苏省社会科学院给了我一次学习的机会，应该道一声：谢谢！

优化城镇体系空间布局，为经济腾飞奠定基础

1. 城镇空间分布

丰县县城在徐州市域城镇体系规划中，其规模等级处于第三级，是徐丰公路沿线的重要城镇。

丰县县域城镇体系已有规划，在空间分布上分成三级，即县城是全县政治、经济和文化中心为第一级，建制镇是中心镇为第二级，一般乡

镇为第三级。在规划布局上，要注重培育以县城为核心的多层次城镇网络体系，促进县城经济共同发展。

2. 重点发展县城

县城是全县政治、经济和文化的中心，现状人口约 7.5 万人，规划到 2000 年为 10 万人，2010 年为 15 万人。但目前的经济状况和基础设施建设相对滞后。因此，在建设方针上，要重点发展和建设县城，要在县城发展工业和第三产业，确立其在全县范围内的政治、经济、文化、信息、技术等各方面的中心地位，带动县域范围内各乡镇的发展。

3. 积极发展中心镇

中心镇是县域范围内的片区中心，对特定范围内经济发展产生一定的影响。丰县的经济发展以农业为基础，发展初期往往是粗放型的农副产品初加工，其加工基地则是就近的集镇，这些集镇为初加工提供必要的基础设施，因此，这些中心集镇将是丰县经济发展的新的增长点，一方面要适时地引导农民从粗放型的农副产品初加工向集约化的农副产品深度加工转化，另一方面要按照布局合理、设施配套、交通方便、功能合理、环境优美，具有地方特色的要求进行规划和建设，成为农副产品加工和销售的空间载体，为经济的发展提供基地。

4. 加强乡村现代化建设

《江苏省城镇布局和城镇建设发展战略》指出，要引导乡镇企业和村庄适当集中，对不能适应现代化建设需要的镇、村，适时引导撤并，以利提高规模效益和环境效益，统筹安排基础设施和公用设施建设。

在丰县，这一工作同样十分重要，在有条件的地区，要适时做好撤村并点工作，形成相对集中的村落，同时要优选适合丰县各类需求的小康农居类型，满足不同经济条件下的农民建房的需要，脚踏实地，实事求是地逐步奔小康。

继续深化县城规划，为城市建设提供依据

1. 有重点地深化规划

丰县县城的总体规划，首次于 1981 年编制，1992 年进行了修编，

近期又编制了“旧城区中西片改造规划”“凤鸣园详规”以及若干居住组团的详细规划，这些规划的编制无疑对近年的城市建设和城市面貌的改善起到了积极的指导作用。

随着城市经济的发展和城市规模的扩大，城市规划就显得更为重要，鉴于丰县资金相对短缺的现状，建议有重点、有针对性地根据建设的需要，编制若干控制性详细规划、修建性详细规划和街景规划，作为近期建设的依据。

2. 控制从严，分期建设

规划具有超前性、预见性，但实施又必须与现实相结合，由此产生了长远规划、分期实施的方针。在这一过程中，规划的控制就显得十分重要。像丰县这样的经济欠发达地区，近期的建设资金比较短缺，但城市建设的起点又不能降低，这时规划的控制就尤为重要。

在城市总体规划中，考虑到城市规模的扩大和交通工具的转换及交通量的增加，对某些城市道路往往要进行拓宽，但其实施则需根据经济状况，分期分批地拆迁、拓宽，虽然不像经济发达地区那样在半年或一年内大见成效，但通过严格的规划控制，在若干年内则可贯彻规划意图，达到预定目标。对一些城市的重要地区也可采用这样的办法，严格控制，分期建设，不求眼前成效，但求长远效果。

3. 编制文物古迹保护规划

丰县县城是具有 2200 多年历史的文化古城，有许多历史文化遗产的积淀，因此要努力挖掘有利用价值的人文景观和遗迹。首先需要对历史文化遗产进行全面的普查，在此基础上编制历史文物古迹保护规划并分期分批地进行必要的修复，提高城市的知名度和吸引力，让丰县人感到自傲，让外地人感到向往。

加强城市建设管理，努力改善城市环境面貌

1. 从管理着手

改变城市面貌，固然需要以一定的经济条件为基础，但加强城市的管理，也能收到事半功倍的效果。近年来，丰县的城市面貌有很大的改观，

其中很重要的一个方面就是得益于城市管理。

丰县是一个历史文化古城，市民具有良好的道德观念，如能适当加以引导，制定若干相关的规定、条例和市民守则，大家共同遵守并共同关心市容市貌，形成一种朴素的城市景观，与经济发达地区豪华的城市景观相比，不失为又一种美景。

2. 加强绿化

丰县城区的用地，相对其他小城市而言，并非十分紧张，但绿地面积却特别少。据初步统计，1995 年底，县城城市建设用地 749 公顷，绿地只有 8.45 公顷，仅占城市建设用地的 1.1%。人均绿地面积也只有 1.1 平方米左右。这与国家规定的绿地规划指标：人均大于等于 9 平方米，其中公共绿地人均大于等于 7 平方米，绿地面积率 8% ～ 15% 相差较大。

因此，建议多栽花、多植树、多种草，努力提高历史文化古城的环境质量，提高城市的品位。

3. 有重点地建设

近年来，丰县的城市建设有很大的进展，城市面貌也有很大的改观，在基本建设资金十分短缺的条件下，这是一件很不容易的事。

鉴于丰县的实际情况，城市建设要有重点，要集中有限的资金，建设城市重点地段，不要把摊子铺得过大，要力争做到建一片成一片，建一片改变一片的城市面貌，虽然每年的建设量并不大，但让市民每年都感到有新的变化，城市的功能和布局也逐步趋于合理。

加强基础设施建设，创造良好的投资环境

1. 建设公路

公路交通是丰县目前唯一的交通方式，一切物资和客流都是通过公路运输。虽然公路通车里程不少，但县域范围没有国道经过，而且道路等级比较低，路面质量也比较差。为了改善丰县的交通条件，扩大对外的联系，加强公路的建设就显得十分重要。首先需要拓宽丰县至邻近各县（沛县、鱼台、金乡、萧县、单县和砀山）的公路，提高公路的等级和路面质量。其次是要完善各乡镇至中心村和自然村的公路。从而保证

丰县的交通更加方便、快捷，缩短与外界的时空距离。

2. 开发水运

水运具有运量大、价格低的优点，非常适合农副产品的运输。但目前丰县境内只有复兴河具备通航条件，而且需绕道才能到达徐州，因此，开挖丰沛运河就显得很有价值。

丰沛运河西起丰县复兴河，东至沛县西关船闸与沿河相接通徐州，全长 28 公里。丰沛运河的开通不仅可使丰县至徐州的水运距离缩短 41 公里，大大减少水运费用，而且可以实现丰县和徐州之间的水（路）铁（路）联运。

目前，丰沛运河在丰县境内的 7.8 公里已经开通，达到六级航道标准，而且在复兴河与丰沛运河的交汇处建有年吞吐量 50 万吨的码头（预留 100 万吨），但沛县境内的 20.2 公里至今未能开通。为此，需要与沛县共商开挖丰沛运河大计，并提请省市有关主管部门协调解决。

3. 开河引水

根据丰县《水资源开发利用现状分析报告》的分析，在丰县现状水平条件下，平水年缺水 1.69 亿立方米，中等干旱年缺水 3.30 亿立方米，特殊干旱年缺水将达 5.46 亿立方米。预测到 2000 年，平水年缺水 3.22 亿立方米（考虑翻水时缺水 2.93 亿立方米），中等干旱年缺水 5.03 亿立方米（考虑翻水时缺水 3.82 亿立方米），特别干旱年缺水 7.43 亿立方米（考虑翻水时缺水 6.92 亿立方米）。水资源的严重不足，对丰县来说是一个严峻的现实问题。

为此，除了增加南线的翻水数量，加强北线的蓄水措施并采取节水耕作等一系列的措施以外，开挖丰沛运河，可从丰沛运河翻水直接进入丰县中部地区，这对改善丰县缺水状况将起重要的作用。

开挖丰沛运河是兼具运输和引水两大功能的水利工程，应努力设法实施，有关主管部门应给予大力支持和帮助。

4. 保护饮用水源

丰县的地面水资源相对比较缺乏，而地下水也并非十分丰富。现已查明的地下水分布大致可以分为三个含水层：第一含水层在 20 米以上，出水量较小，单井出水时约为 5 米^3/时；第二含水层在 80 米以上，单井出水量为 30 ～ 50 米^3/ 时；第三含水层为承压水层，埋深在 100 米以下，多年平均地下水可开采量约为 1.6 亿立方米。

丰县位居江苏 9 个高氟县之首。第一含水层含氟量最高，第二含水层的含氟量次之，第三含水层的氟含量一般可满足饮用水标准。目前大部分农民主要饮用第一含水层的水，所以含氟量一般都超标，全县有 400 多个村 62 万人饮用“高氟水”，占总人口的 68%。近年来，通过改水降氟收到明显的效果。其措施主要是取用第二、第三层地下水。因此，保护第三层地下水，首先满足饮用之需，避免过量开采是一项重要的工作。

县城自来水公司现有深井 10 眼，工厂自备水井 30 多眼，主要取用第三含水层的地下水，其含氟量符合国家饮用水指标，城区用水普及率为 90% 左右。目前城区除了用水标准普遍偏低、水压不足等问题外，最主要的问题是城区深井分布过密，开采过量，已经造成动水位大幅下降、地面沉降等后果。

为此，对城区的深井布点不仅要统一规划和管理，控制开采量，而且对城区周围地区也要进行勘查，作为城区的备用水源地加以保护，为布置地下井群、提供城镇饮用水做准备。

由于地下水资源的缺乏和各含水层水质的差异，要对各地区开采量进行勘查，在农村和城区都要保证第三含水层的地下水优先满足饮用水的需要。条件成熟时，城区要实行分质供水，工厂的工业自备水井原则上不用第三层地下水，以利水资源的充分利用。

5. 完善供电系统

丰县处于华东电网的边缘，全县供电主要依靠南部的梁寨 100 千伏变电站和中部的丰县 110 千伏变电站，而且由于国家分配电力不足等原因，导致供电线路过长，电力供应不足，甚至局部地区的自然村仍未通电的状况，对经济发展产生直接的影响。

供电工程是重要的基础设施之一，是发展经济的主要保证。为此要按照电力规划，积极实施顺河 110 千伏变电站和套楼 220 千伏变电站建设，同时完善县内供电线路。在资金来源上要给予政策方面的倾斜。

本文原载《江苏经济探讨》1997 年第 3 期

开发地方特色旅游，促进溧水经济发展

也许有了第一次合作，就会有第二次握手。应江苏省社会科学院的邀请，我参加了溧水县发展战略的课题研究。在完成课题组安排的工作任务的同时，我发现位于南京市南部的溧水县，属丘陵山区，山水资源、生态资源、农牧资源和人文资源十分丰富。在当时经济还欠发达的时期，发展旅游业，也是发展经济的重要战略和路径选择，所以整理撰写了这篇文章，那是1999年的事。

时隔多年，我曾经约朋友再访溧水县，看到的是一派兴旺的旅游景观。天生桥景区已经建成，而且具有一定的规模；胭脂河的游览比从前更加便利，而且富有内涵；林地瓜棚已成规模，而且可供游客观赏采摘；农家餐饮随处可见，而且富有农村地方特色。虽然不敢贪功说是我的“功劳”，但起码可以佐证我当时提出的观点和思路是正确的，让人欣慰，这就够了。

溧水是南京的郊县，位于南京的南部，距城区约65公里。溧水的历史可以追溯到数千年以前。古人在溧水定居约有3000年的历史，而溧水县城也是1400余年的古邑城。悠久的历史、丰富的人文景观和独特的自然风光，形成溧水的旅游资源，而且极具开发价值。

一、旅游资源分析

1. 秦淮之源

秦淮河是南京地区一支独立的水系，它从溧水流经江宁，穿过南京入长江。秦淮河在南京乃至全国都有极高的知名度，有许多趣闻轶事和艳史，这也是南京旅游的重要内容之一，而人们很少知道，秦淮河的源头则在溧水的东庐乡。

2. 胭脂河

胭脂河位于县城以西 4 公里左右，是明洪武二十六年（1393 年）九月朱元璋命崇山侯李新督开的一条运河，上接石臼湖，下达秦淮河，连接太湖、秦淮两大水系，沟通苏浙漕运。胭脂河全长约 7.5 公里，中间穿过一座长达 5 公里，高约 15 米至 30 米的胭脂岗，河道底宽 10 多米，深 30 余米。当年开河是用铁钎在岩石上凿缝，用麻丝嵌在缝中，浇以桐油，点火焚烧，待岩石烧红，泼上冷水，使石块开裂，即有所谓“烧麻炼石，破块成河”之传说。由于破石成河，所以河岸陡峭，在平原地区并不多见，有峡谷之感。关于胭脂河名称的来历、开河的方法和过程都有诸多传说，这些正是旅游价值所在。

3. 天生桥

所谓天生桥，只是说造桥的时候没有外加其他的建筑材料，完全利用天然岩石(层)的特点再经过精巧的设计开凿或自然形成的桥。据记载，在开凿胭脂河时，河道“上以巨石留为桥，中凿石孔十余丈，以通舟楫，桥因势而成，故名天生”。在胭脂河上，原有南北两座天生桥，南桥于嘉靖七年（1528 年）春崩塌，现仅存北桥。该桥长 34 米，宽 8 至 9 米，桥顶石厚 8.9 米，桥面高程 35 米。在胭脂河中乘船经过天生桥，只见两岸峭壁蜿蜒似天堑，一条石梁横跨如龙门，十分壮观。据《世界桥梁发展史》记载，在美国犹他州多有天生桥发现，但在我国只有浙江天台山和云南下关西发现天生桥，在丘陵平原地区实属罕见。

4. 无想山

位于溧水县城以南 18 公里的无想山，史称县内第一胜境，山上松、杉、竹大多成片成荫，满山漫坡，苍郁葱茏，自然植被极好。山下有清如明镜的无想寺水库。而且无想山景物最佳丽处，是无想寺西侧的瀑布。瀑布是无想山的神脉，源头乃山顶之泉。除了自然景观以外，尚有县内著名的古佛寺——无想寺。据有关资料记载，寺门外原有唐代古柏及石观音像，寺西有南唐韩熙载读书处，寺后有招云亭、风泉亭、环翠阁、宋代高僧甄公藏骨塔、百步梯及白莲池等。在瀑布附近有保存完好的摩崖石刻 3 处，即“风泉”“丹鼎”和《污尊铭》，均为篆书，系明代知县王从善手迹。这是一处自然景观和人文景观兼具的景点。

5. 永寿寺塔

永寿寺塔是建于明万历三十四年（公元 1606 年）的古塔，为砖砌仿木楼阁式，七级八面，塔高约 40 米。该塔位于溧水县城西北部。目前该处为油米厂，搬迁后可结合其他人文景观建成公园。

6. 丘陵和水库

溧水县地处宁镇丘陵腹地，茅山余脉，境内的山丘主要有东庐山、茅山，主峰海拔高程分别为 191 米和 293 米。另外，还有湫湖山、回峰山、芝山、观山以及双顶山、平山头、美人山、小茅山、团山、艾景山、卧龙山等。溧水境内除石臼湖以外，尚有方便水库、中山水库、卧龙水库、赭山头水库、姚密水库、老鸦坝水库等中小型小库 106 座，总库容量达 1.82 亿立方米。

7. 农田果林

农田本身就是一种旅游资源，加之现代农业示范区的建立和建设都具有旅游价值。比较特殊的是，溧水林果资源十分丰富，如白马乡的黑梅林约有 5000 多亩，渔歌乡的青梅林约有 6000 多亩，另外，还有成片的竹林和丘陵山区的松、杉等可以开发利用。

二、旅游创意和组织

在溧水的许多资料中，都曾把溧水的主要景观归纳为“中山八景”即琛岭神灯、东庐叠山虞、芝山石燕、洞壁琴音、观峰耸翠、金井涌泉、龙潭烟雨、臼湖渔歌。最近溧水旅游部门又推出了探秦淮之源、游溧水山峡的溧水一日游活动，这是一个很好的旅游创意和组织。

溧水的旅游，应该纳入南京的旅游项目之中，作为南京古都旅游的补充。首先，天生桥是相当地域范围内独特的自然景观，可以大加宣传，应该是旅游的一个热点。胭脂河也是不可多得的人工运河，而且因其特殊的背景，有着十分丰富的文化底蕴，可供旅游宣传。天生桥和胭脂河应该是旅游近期开发的主要项目和中心。其次，溧水的农业生态和果林丘陵应该是南京旅游的一个补充并与古都旅游相得益彰，而且可以通过天生桥、胭脂河这条时间和空间上的纽带将其有机地组合在一起。其三，溧水的无想山、永寿寺塔等人文景观可供游人观赏，加之对丘陵、山地和水库的人工开发和利用，形成休闲度假基地，使游客在溧水得以停留。其四，溧水旅游客源的近期目标应该是南京市民，要充分利用城市居民回归自然的心理，创造一个环境优美、设施完善、交通方便的农业观光旅游，甚至可以为南京市民，尤其为中小学生提供农林牧副渔的种植、栽培和饲养的基地，让都市居民亲身体验农乐。

从旅游组织上，近期可组织短途的客源并以南京市民为主，不断扩大影响和知名度，远期可以把溧水纳入千岛湖、黄山、天目湖的旅游线路之中，逐步形成溧水的特色旅游。

三、旅游对地方经济的影响

溧水的旅游开发，不能就旅游论旅游，而应该从提高人们的市场意识和竞争意识，改变人们思想观念，促进农业种养加一体化，促进农业向第二产业和第三产业转化，从而推动和促进溧水经济全面发展的高度来认识溧水的旅游业。

1. 旅游对人们观念的影响

旅游业有其自身的效益分析和价值评判，但对于溧水的现状而言，发展旅游的价值远远超出了旅游本身的价值。首先，随着旅游业的发展，吸引大量的游客进入溧水，由此可以促进人员和信息的流通，使人们更多地接触到外部的新的知识、信息和技术。其次，随着旅游业的发展，必定有大量的人员投入旅游服务业之中，这一过程将促使人们增强市场意识和竞争意识，从一定程度上转变人们的思想和观念，有利于人们投入市场经济的大潮中去从事经营活动。

2. 旅游对产业结构的影响

溧水的旅游创意以田园风光为主题，因此，旅游业的发展过程实际上就是农业向更高层次发展的过程，也是农业向第二产业和第三产业转化的过程。首先，旅游业所确定的观光农业绝非粗放型的传统的农业，而是诸如现代农业示范区，果林苗木、花卉种植基地等，而且必须具有一定的规模，这就要求并促进农业向集约化和高层次发展。其次，农副产品种养加一体化的过程也是旅游业所欢迎的，从农作物的栽培到制品的过程，不仅对都市居民有吸引力，对农民同样有吸引力。种养加一体化的过程，实际上已经是农业向第二产业转化的过程。其三，旅游业的发展，必定需相应的配套服务设施和人员，由此也必定促进第三产业的发展。因此，溧水旅游业的发展，有利于促进产业结构的转化和调整。另外，可以借助旅游推动名牌战略，如以天生桥为品牌，生产系列产品，而又通过旅游业进行大力传播，提高溧水的知名度，让溧水面向全国，走向世界。

3. 旅游对基础设施建设的影响

旅游业的发展需要有相应基础设施配套，道路和交通，给水和排水，供电和邮电通讯等，还有相应的宾馆、饭店、购物商店等都是必不可少的，这些设施的建设可以和溧水乡村的基础设施建设相配套和协调，可以大大改善溧水全县的外部条件和投资环境，不仅改善溧水城乡居民的生活水平，而且促进溧水经济的发展。

溧水的旅游业刚刚起步，其旅游业的发展必定对溧水的经济产生积极的促进作用，而目前的关键是必须做好旅游发展规划。

本文原载《江苏城市规划》1999 年第 1 期

（本文作者还有江萍）

参考资料

1. 走向新世纪的溧水，王德春主编，江苏人民出版社，1997.
2. 世界桥梁发展史，韩伯林著，知识出版社，1987.
3. 溧水县城总体规划，溧水县人民政府编，1992.
4. 溧水县志，溧水县编修县志委员会编，江苏人民出版社，1990.

充分认识城市规划测绘的专业特点，努力做好城市规划测绘工作

二十一世纪初，我在江苏省建设厅城市规划处工作期间，主管的工作内容之一就是城市测绘的管理工作，那时的江苏省测绘局是江苏省建设厅的二级局。但随着机构改革的深化，在部门职能的划分上出现了分歧，一种意见是基础测绘，包括城市测绘在内的专业测绘统一归口江苏省国土资源厅管理；另外一种意见是基础测绘理应归口江苏省国土资源厅管理，而专业测绘应该根据工作的需要由相应的职能主管部门管理，如城市测绘就应该有城市规划主管部门管理，具体说来，在省级层面应该由江苏省建设厅主管。

在修订《江苏省测绘条例》的过程中，相关的几个部门展开了激烈的争论，我们这些经办人员理所当然的参与了激烈的争论。其实，尽管政府管理职能的划分有合理与否的争论，但一旦确定，哪个部门都会尽职管理。在这场激烈的争论中，我最大的收获是四个方面，第一是学到了从法理角度的争论技巧和方法，第二是系统地了解了测绘这门学科和管理的发展演变过程，第三是全面了解到测绘这门学问的地位和作用，第四是每遇新事物，必须弄清弄懂。也就是在这样的背景下，写了这篇有关城市测绘的文章，当然难免带有本位的观点和色彩。

城市规划测绘是区别于基础测绘的专业测绘，是城市规划行政主管部门的工作基础。城市规划测绘的管理是城市规划行政主管部门的主要职责之一。

一、城市规划测绘的法定地位

《中华人民共和国测绘法》第三条规定，测绘部门主管测绘工作，主要是行业管理和基础测绘工作，“国务院其他有关部门按照国务院规定的职责分工，负责管理本部门的测绘工作”“省、自治区、直辖市人民政府其他有关部门，按照本级人民政府规定的职责分工，负责管理本部门的测绘工作”，《江苏省实施＜中华人民共和国测绘法＞办法》第三条也明确规定：“县级以上人民政府其他有关部门，按照职责分工管理本部门的测绘工作。”即各部门负责本部门的专业测绘工作。规划、建设部门的测绘称为“城市测绘”（部分省、市包括江苏省又称为“城市规划测绘”），属于专业测绘之一，主要是由各级城市规划行政主管部门负责管理。

二、城市规划测绘的管理是城市规划行政主管部门的主要职责之一

城市规划测绘与城市测量、城市测绘等都是对为城市规划、建设和管理服务的同一种专业测绘的不同称谓。大百科全书中“城市测量”的定义是：“为城市建设的规划、设计、施工和经营管理等进行的测量工作，包括城市控制测量、城市地形图测绘、各种专题地图的编绘、兴建市政工程时的施工放样以及重要建筑的变形观测等”。我国 1956 年成立城建部，万里任部长，下设勘察测量局，局下设勘察处和测量处，负责城市勘察测量管理工作。万里在任期间多次强调要搞好城市勘测工作，为城市规划建设服务。他说：“城市勘测是城市建设的先行工作，必须适应工业建设和城市建设的进度；应加强领导和分工协作，提高勘测质量，加快进度，保证城市规划和市政工程设计的顺利进行。”1979 年以来，国家先后组建城市建设总局、城乡建设环境保护部、建设部，均设有城市勘察测量管理机构，负责城市勘测工作。

建国 50 年来的实践结果表明，城市规划行政主管部门负责管理城市规划测绘工作，城市规划测绘是为城市规划、建设、管理工作服务的专业测绘，界限清楚、分工明确。

国务院在《建设部职能配套、内设机构和人员编制规定》（国办发

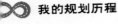

〔1998〕86号）中，明确了建设部城乡规划司“指导城市和村镇规划、城市勘察和市政工程测量工作”的职能。而城市勘察工作包括城市测绘（详见国家计委“计设〔1987〕493号”、城乡建设部“〔85〕城设字第150号”、建设部“建规〔1994〕638号”和“建规〔1991〕326号”文件）。

省政府办公厅《关于印发江苏省建设厅职能配套内设机构和人员编制规定的通知》（苏政办发〔2000〕133号）明确规定，“指导和管理城市规划、城市勘察、市政工程测量工作”是建设厅的主要职责之一。

城市规划测绘也是各市、县城市规划行政主管部门的主要职责之一。目前，城市规划测绘单位大都隶属于城市规划行政主管部门，城市规划行政主管部门在内设机构方面，都设有城市测绘处（科），保证了城市规划测绘工作的顺利进行和有效管理。

在工作内容和需要上，城市规划和城市规划测绘是密不可分的。城市规划的编制工作必须以地形图为基础，城市规划实施管理从选址、划定红线、放线……到竣工验收都离不开地形图。当前城市规划地理信息系统的建立、地下管线的普查和管理系统的建立、图文自动化办公系统的建立都离不开城市规划测绘。

三、城市规划测绘的特点

城市规划测绘是测绘产业中的一个分类，具有不同于测绘产业中其他专业测绘工作的专业特点，因此，构成测绘产业中的一种专门行业。

城市规划测绘的主要内容和城市规划测绘管理的主要职责，建设部颁发的《城市勘察测绘管理暂行规定》（〔85〕城设字第150号）和省建设厅《江苏省城市规划测绘管理规定》（苏建规〔2001〕218号）都已做了明确规定。城市规划测绘的主要内容包括：“（1）城市平面、高程控制测量；（2）城市1∶500、1∶1000、1∶2000、1∶5000等比例尺地形图的测绘（含数字化成图及城市基础地理信息系统的建立和维护）；（3）城市大比例尺的航空摄影与遥感测绘；（4）城市规划定线、竣工测量与拨地测量；（5）城市建设工程测量、沉降观测；（6）城市地下管线测量、城市地下空间测量；（7）城市规划专题地图的编制绘。”

自二十世纪八十年代以来，建设部制定了一系列有关城市勘察和测绘工作的方针、政策和标准，其中仅国家和行业的标准就有 20 多项，例如：《城市测量规范》《城市勘测物探规范》《城市地下管线探测技术规程》《城市测绘生产定额》《城市勘察、测量工人技术等级标准》等。

城市规划测绘的专业特点主要表现在：

1. 专业性。城市规划测绘的服务对象是城市规划、建设、管理。城市规划、建设工作起始于城市地形图，继而施工放线、竣工测量，直至将竣工档案反馈到城市大比例尺地形图上。在现代条件下，没有城市规划测绘的基础，将无法正常开展城市规划建设工作。

2. 整体性。城市规划测绘要根据城市的整体和长远发展来进行整体规划，必须建立统一的坐标、高程系统，实行统一的地形图分幅，要有统一的技术标准，要从整个城市地上、地面、地下的规划建设需要和建立城市地理信息系统的需要出发，规划和规范城市规划测绘工作。

3. 精细性。城镇经济发达、人口稠密，各种建筑物、构筑物和各类市政管线高度集中，这就要求城市规划测绘必须是高精度的精细测绘，《城市测量规范》对此有自成系统的明确规定。

4. 多功能性。因为城市规划建设工作服务于全社会，而城市规划测绘是规划建设必不可少的基础工作，所以城市规划测绘成果的应用也与城市规划设计成果的应用一样必然相当广泛。城市规划、设计、施工和管理的不同阶段，都对城市规划测绘有多方面的不同要求，其他一些相关行业也可以或需要应用城市规划测绘成果，但这并不排斥城市规划测绘的专业性。恰恰相反，城市规划测绘成果的应用目的、应用过程和应用范围充分说明它与城市规划建设工作是密不可分的，城市规划测绘成果应构成一个以满足城市规划建设需要为主体功能的多功能信息系统。

四、加强城市规划测绘管理

城市规划测绘的管理，要从城市规划测绘的行政管理、业务管理、行业管理和队伍建设等各个方面来抓。

1. 要高度重视城市规划测绘工作。城市规划测绘不仅是城市规划行政主管部门的主要职责之一，而且是城市规划管理工作的基础，是提高城市规划管理工作质量水平和效能的保障。各地城市规划行政主管部门要有专门的机构和人员管理城市规划测绘工作。根据城市规划管理工作的需要及时组织地形图的测绘和更新，并将相应的工作列入城市规划工作计划之中。

2. 要抓好城市规划测绘的业务管理。城市规划测绘管理要坚持“五个统一”，即统一的平面坐标系统、统一的高程系统、统一城市地形图的图幅分幅和编号、统一的技术标准、统一管理城市勘测基础资料，保证城市规划测绘成果符合城市规划管理的要求。

3. 要加强城市规划测绘的行业管理。按照《江苏省城市规划测绘管理规定》的要求，首先要抓好“三项管理”，即资质管理、任务管理、质量管理。承担城市规划测绘项目必须持有相应等级的城市规划测绘资质证书；为保证城市规划测绘行业的有序竞争，城市规划测绘项目的委托应按规定采用招标投标方式；为保证城市规划测绘的成果质量，城市规划测绘项目的技术设计和成果应按规定报审和验收。

4. 要充分发挥城市规划测绘单位在城市规划管理工作中的作用。建立和完善城市规划地理信息系统、城市地下管线管理信息系统、城市规划管理图文自动化管理信息系统是当前和今后一段时期内城市规划行政主管部门积极创导和推动的工作。城市规划行政主管部门要充分发挥城市规划测绘单位的作用，有目标、有计划、有步骤地实施这几项工作，保证城市规划管理高质量、高效能地为政府和公众提供服务。

5. 要加强城市规划测绘队伍的建设。目前，江苏省已批准的城市规划测绘资质的单位有 72 家，其中甲级 8 家，乙级 9 家，丙级 40 家，丁级 15 家，合计技术人员 1425 人。这是一支十分宝贵的技术队伍，但相对江苏省城市建设工作的需要，人员仍显不足，而且分布也不均衡。因此，要进一步加强城市规划测绘队伍的建设，加强测绘人员的引进，组织测绘技术的交流和科学研究，加强技术人员的培训和继续教育，不断提高城市规划测绘队伍的素质。

本文原载《江苏城市规划》2001 年第 4 期

（本文作者还有王兴海）

西欧城市规划见闻

在那个年代，出国考察或多或少有点福利的味道。但对于我而言，如果说是福利，那就有点冤枉了。每次出国考察，多有收获，必有考察报告。虽然这次西欧之行，因为某个团员的“特殊”表现，把我们全团“搅和”得有点精疲力竭，但我们还是努力把对考察的内容和成果的影响降低到最小。

在当时，西欧的城市规划体系、城市规划法规、历史文化保护、城市更新、建筑设计管理、城市交通，甚至对广告和店招店牌的管理等许多方面都值得我们学习。但用现在的视角来看，我们也有我们的优势，也有我们值得骄傲的方面。

今年一月，我们一行十人应邀赴西欧的德国、英国和法国等国考察，分别与政府部门、大学和科研机构进行了交流，并对城市规划和建设进行了实地考察。虽然时间很短，但西欧的城市规划和建设，还是给我们留下了深刻的印象。

一、区域规划体系完整，规划运作机制完善

德国拥有完善的区域规划体系和运作机制，区域规划已经成为德国政府推动经济发展、协调区域间矛盾、解决社会问题的重要手段和途径。

德国的区域规划体系分为联邦级、州级、区域级和社会级。区域规

划的产生是德国城市化发展和二战时期战争扩张的需要，虽然联邦和州一级规划曾在战后初期一度被取消，但为协调地区间经济发展的差异，联邦和州一级的区域规划又得以恢复。随着东西德合并、欧洲经济一体化、经济发展全球化，德国区域规划的内容、范围和作用也不断得到深化和发展。

德国的区域规划注重自上而下、自下而上的双向互动和循环。联邦、州政府通过规划编制和联邦立法协调矛盾，而联邦、州一级区域规划的指导思想往往来源于区域级和社区级规划的需要。

德国州政府设有专门的机构协调各专业规划的矛盾。北威州州长办公厅下设计划发展公司，负责城市规划建设管理，协调各专业部门、专业规划之间的矛盾。另外，德国通过中间协调组织协调区域与区域、社区与社区之间的矛盾，并为州政府的决策和管理提供咨询和建议。该协调组织不是州政府的组成部门，其成员是由各城市选出的政府官员组成的。

为促进区域规划的有效实施，德国主要采取法律、经济、税收、公共财政等措施和手段。提供贷款鼓励投资方在不发达地区投资和建设。德国的基本法规定，人与人、地区与地区的关系平等；德国的北威州政府通过地区发展法规对人口密集区、主要交通走廊、生态绿地等地区做出了明确的建设规定，不仅规定了允许建设的内容，而且规定了不允许建设的内容。

二、强调城市规划的权威性，重视城市规划的效率

英国的区域规划工作在战后，特别是六七十年代得到明显加强。但是 80 年代，由于撒切尔夫人主张将市场经济和自由主义作为国家经济发展的指导原则，使作为宏观调控手段的区域规划受到冲击，以致区域规划在 80 年代日渐式微。进入 90 年代，随着经济自由主义的失败，英国中央政府认识到即使在市场经济条件下，也需要政府的宏观调控，需要加强区域规划为私有经济服务。

英国的区域规划在注重推动经济发展的同时，力图通过区域规划解

决社会问题，规划引进了涉及社区和社会方面问题的内容，如住房、犯罪、教育、失业等。在规划的实施管理中，英国也同样面临着公共基础设施建设的长远利益与眼前利益的矛盾、经济发展与环境保护的矛盾。为了达到既要提高城市规划管理工作的效率，促进规划更好地为经济发展服务，又要保证城市规划在解决社会、经济问题中的作用，提高城市规划权威性的目的，英国政府已在修改城市规划法规并已形成征求意见稿即“绿皮书”，目前正在全国广泛征求意见。

三、历史文化得到有效保护，空间形态得以延续

西欧的城市大都历史悠久，拥有众多各具特色的历史街区和丰富的文物古迹。无论是德国的柏林，法国的巴黎，还是英国的伦敦和意大利的罗马，都很好地保持了城市传统的空间布局和形态。旧城区的规划建设都体现出对传统街道空间的延续以及对历史文化的保护和尊重。在注重保护传统风貌和建筑文化特色的同时，通过更新建筑内部功能，使之适应城市现代生活的需求。

西欧的城市一般依水而建，依水而筑。在河流两侧留下了很多历史建筑和桥梁。法国的巴黎、德国的科隆等城市通过对滨水地区的保护和利用，创造出展示城市形象和魅力的滨水开放空间。

在罗马，整个旧城区犹如一座天然的历史博物馆，古城以威尼斯广场为中心，遍布全城的古迹得到了完整的保护和全面的利用；在柏林，法兰西教堂和德意志教堂周边街区的新建筑虽然其形式和造型各具特色，但其高度得到严格的控制；在巴黎，拉德芳斯新城的建设和开发有效疏解了巴黎旧城区的人口、交通，保护了旧城区的传统风貌和特色。

四、新建筑实用高效，历史建筑得以更新利用

欧洲的城市经过二战以后的重建和恢复已进入相对稳定的发展阶段，城市新建的大型公共建筑不多，但设计构思新颖、实用，很具吸引力。如火车站、机场等建筑虽没有华丽的装饰，甚至缺少国内机场和火车站

建筑的“雄伟气派”，但内部功能、室内装饰处处以人为本，设计完善，实用高效。德国柏林波茨坦广场和索尼中心采用街道化和广场化处理，使人感受到室内空间室外化、室外空间室内化，高技术新材料的运用和室内外空间的创造，令人叹为观止。新近建成的德国国会大厦玻璃穹顶和大英博物馆新馆建筑，均为英国著名建筑师福斯特设计，其大胆的构思，精湛的技艺，通过强烈的材料和虚实对比，成功地探索出了利用对比手法解决老建筑的更新改造问题，既保持传统风貌和建筑文化特色，又增添了新的功能，增强了新的活力，使人耳目一新。

五、城市开放空间布局合理，朴实自然

每到一个城市，都能见到大片的开放绿地镶嵌于城市中。城市的中心绿地，快速路网两侧、滨河两侧形成带状或环状的绿色开敞空间，不仅布局合理，而且与自然环境融为一体，使人充分体会到城市规划的构思和实施效果。无论是伦敦的海德公园，还是巴黎的凡尔赛花园，绿地规划设计没有繁琐多余的硬质人工雕凿，更多的是自然、朴实的格调。

另外，许多广场的某些部分甚至不用硬质材料铺地，而是采用粗砂铺地。这种做法不仅渗水性好，可以减少地面径流，而且还可以减少阳光的反射，降低地面温度。德国的一些绿地甚至就是成片的树林，大树下还生长着自然的次生林，使人真正地体会到城市的自然、生态含义。相比之下国内有些城市为了绿化而绿化，为了广场而广场修建的人工味很浓的“生态绿地、城市广场”，在理念上还有很大的差距。

六、城市交通快速畅通，协调有序，以人为本

西欧的城市交通是以机动车为主，自行车和行人交通所占比例很小。尽管机动车拥有量很高，但城市交通秩序井然。究其原因，首先是拥有完善的路网系统，快速道路、主干道、次干道功能明确，布局合理；其次是管理得当，交通信号系统完善、渠化交通恰当、交通标志标线明确、路标指示牌清晰，当然警察的处罚也是十分严厉的；其三是市民的素质

高，无论是机动车驾驶员还是行人，都能自觉遵守交通规则；其四是地铁、轻轨等快速交通利用地面地下空间疏解了交通；其五是支路得到充分利用，用于非机动车交通或组织单向机动车交通。

另外，在西欧的城市道路交通管理中还感受到以人为本的实例。如在德国，雪后的人行道上会撒上一层粗砂，防止行人滑倒；在英国，由于汽车实行左侧通行，人行横道线附近地面上标有“Look Left”（向左看）和“Look Right”（向右看）以提醒国外的游客；在许多城市的行人过街横道线附近设有按钮，可以控制交通信号，体现行人优先的规则。

七、简洁的商店招牌和协调的商业广告

西欧许多城市建筑的外部装修材料并不高档，但城市街道景观整体性很强，协调性很好，界面很清晰，给人以赏心悦目的视觉感受。商业建筑的招牌和幌子制作得非常简洁，其材料、色彩和造型与商业建筑本身以及所在街道景观相协调，许多商店的招牌和幌子具有浓郁的文化底蕴。虽然也有许多一个开间的小商店，店门一般都很小，但其沿街部分以玻璃橱窗的形式布置并加以精心装饰，这样效果很好。我国城市的小商店采用卷帘门的做法与之相比效果相差甚远。

西欧许多城市街道的广告，同样也是精心设计，其大小、形状、色彩和空间位置、材料的选择都有讲究，与建筑本身融为一体，甚至是建筑的点缀和饰品。而我国一些街道的广告其大无比，往往只见广告，不见建筑，破坏了建筑原有的立面造型，非常可惜，而且广告与建筑的不协调使得整个街道也显得杂乱无章。

以上仅是走马观花式的考察见闻和体会，供大家分享。

本文原载《江苏建设》2002 年第 7 期

（本文作者还有胡渠）

江苏城市化战略的回顾和思考

2000年，江苏省委、省政府召开了全省城市工作会议，从此，江苏把城市化战略确立为全省五大发展战略之一。当时的城市化工作是由江苏省建设厅牵头的一项工作，3年后的2003年，我对城市化战略的实施情况进行回顾和思考。文章从城市化战略的确立、城市化和城镇发展方针、城市规划编制和引导、城市化水平稳步提高、城镇空间的优化等五个方面作了回顾。同时，从关于城市化的数量和质量、关于城镇空间布局的引导、关于工业开发区的集聚、关于区域基础设施的共建共享、关于干部考核制度的调整等五个方面提出了思考，其实当时的思考是有所指的，现在看来也是有意义的。

城市化战略实施以来，对江苏的社会经济发展产生了巨大的影响，保证了社会经济的高速、稳定和持续发展。在回顾城市化战略实施过程的同时，也有许多方面值得思考和探讨。

一、城市化战略的回顾

1. 城市化战略的确立

改革开放以后，以农村剩余劳动力转移为动力的工业化和城市化在苏南全面启动，对江苏经济的发展起到了积极的推动作用。但这种自下而上的城市化带来了许多问题，诸如产业同构水平低、布局分散占地多、环境污染治理难、城乡不分面貌差、设施重复浪费多、企业偏小竞争能力弱、二产发展迅速三产停滞不前等等。在这样特定的社会经济背景下，省委、省政府审时度势，高瞻远瞩，在2000年召开了全省城市工作会议，时任省委书记回良玉同志关于《加快推进城市化进程，为率先基本实现现代化努力奋斗》的报告，为江苏城市化战略的实施作了总动员。会议真正确立了自下而上和自上而下相结合的城市化道路，明确提出了我省新的城市化和城镇发展方针。此后，省委、省政府及时把城市化战略确立为我省五大发展战略之一。

2. 城市化和城镇发展方针

1990年实施的《中华人民共和国城市规划法》确定的城镇发展方针是“严格控制大城市规模、合理发展中等城市和小城市”，这是基于当时全国的社会经济背景，适用于全国的城市发展方针，但并不一定适合江苏当今特定历史时期的发展要求。

根据我省加快推进城市化的需要，结合江苏人多地少、资源稀缺的省情，按照与时俱进的精神，在《江苏省城镇体系规划》中确定了“大力推进特大城市和大城市建设，积极合理发展中小城市，择优培育重点中心镇，全面提高城镇发展质量”的城市化和城镇发展方针。大力推进特大城市和大城市建设，就是要充分发挥特大城市和大城市在区域发展中的中心作用；积极合理发展中小城市，就是要强化中小城市在一定区域经济与社会发展中的纽带作用；择优培育重点中心镇，就是要进一步增强小城镇在城乡经济社会发展中的基础作用，合理确定重点中心镇的数量和布局；全面提高城镇发展质量，就是要重视城镇的内涵发展，加强城镇的功能建设。

近年来在这一城镇发展方针的指导下，我省的特大城市和大城市健康发展，综合竞争能力明显增强；中小城市迅速发展，成为新的经济增长点；乡镇的数量有序减少，布局更趋合理；城市功能更趋完善，城市面貌普遍改善，人居环境质量全面提高。

3. 城市规划编制和引导

为了引导城市化健康有序地发展，自2000年城市工作会议以后，我省系统地编制了各个层次的城市规划，为推进全省的城市化进程提供了蓝图。《江苏省城镇体系规划》已经编制完成，并经国务院同意由建设部批准实施。该规划明确了城市化和城镇发展方针，明确了城市化和城市现代化的发展目标和指标体系，明确了“三圈五轴”的城镇空间结构，明确了城镇的等级规模和城乡人口的空间分布，明确了城乡空间的开发建设管治要求等内容。

《苏锡常都市圈规划》《南京都市圈规划》和《徐州都市圈规划》均已编制完成，并已经省政府批准实施，这是全国首批经省政府批准实施的都市圈规划。根据三大都市圈所处的不同的社会经济发展阶段和各自的特点，确定了苏锡常都市圈以协调为主，南京都市圈以发展和协调为主，徐州都市圈以培育、发展和协调为主的不同的发展思路和重点。明确了都市圈内不同行政区划之间的协调原则和要求，明确了区域基础设施共建共享的布局和要求。

《苏锡常都市圈区域供水规划》已经省政府批准实施，目前江阴的区域水厂已经建成，区域供水管道正在逐步建设，170 多个镇已经联网供水，已经封井 2000 多口，完成封井任务的 50% 左右。相应的地下水的开采得到了有效的扼制，地下水位下降和地面沉降等问题得到逐步控制。《苏锡常都市圈绿化系统规划》已经完成，今后将结合都市圈城镇发展的要求和自然山水的形态及大型基础设施的特点，构筑“一环一区、两带两线、五片六隔多点”的多层次、多功能、网络化的绿化系统布局结构，优化城乡空间结构，改善城乡生态环境。《苏锡常都市圈轨道交通规划》的研究工作全面展开，已经完成阶段性成果。都市圈轨道交通的建设，将加强都市圈的交通联系，缩短都市圈内部以及都市圈与上海、南京和杭州等大都市的时空距离，整合都市圈的综合优势，加速都市圈的一体化进程。

各地的区域城镇体系规划编制工作进展顺利，城市总体规划适时得到了修编，控制性详细规划的覆盖率大大提高，城市设计普遍得到重视，历史文化名城保护规划全面展开，各项专业规划得到深化，为城市化进程提供了依据。

4. 城市化水平稳步提高

在城市化战略的引导下，全省城市化进程健康发展。到 2002 年底，全省城市化水平已经达到44.7%，分别比2001年的42.6%和2000年的41.5%增加2.1个百分点、3.2个百分点，比1997年的29.9%增加14.8个百分点，提前三年基本实现“十五”计划确定的城市化目标。

与此同时，人均收入持续增加，人均住房面积稳步增长，城市交通普遍改善，市政设施逐步配套，城市面貌和人居环境全面改善，城市功能得到完善，城市质量全面提高。

5. 城镇空间的优化

自实施城市化战略以来，南京、苏州、无锡、淮安、常州、扬州、镇江等七个城市进行了行政区划的调整，解决了多年未能解决的市县同城问题，为大城市和特大城市的发展提供了足够的发展空间，统一了同一地域空间上不同行政主体的利益，为基础设施的共建共享创造了条件。

截至2002年底，全省乡镇总数由1998年的1974个减少至1330个，撤并乡镇664个，缩减幅度为33.4%；乡镇平均人口规模由1998年底的3.13万人增加到4.63万人，增幅为47.9%，乡镇平均地域规模由1998年底的49.14平方公里增加到72.8平方公里，增幅为48.1%。城镇的规模正合理扩大，城镇的数量正有序减少，城镇的空间分布正朝着集聚和集约的方向健康发展。

目前，全省形成“三圈五轴”城镇空间布局结构已经成为共识，“三圈五轴”的城镇空间格局在全省日趋明显，三大都市圈的建设明显加快，全省范围内的人口、资金等生产要素正在向“三圈五轴”及其周边地区集聚，良好的发展态势正在形成。

二、城市化战略的思考

我省的城市化战略实施三年来，社会经济高速稳定发展，城镇空间布局更趋合理，农村人口有序向城镇转移，成效十分明显。但是，也有许多方面值得思考。

1. 关于城市化的数量和质量

从统计数据来看，近年来我省的城市化水平增长很快，效果明显，这是不争的事实。但是，由于行政区划的调整，大量的农村人口划为城镇人口也是事实，所以实际的城市化进程并没有数据反映得那么快，这就要求我们不能仅仅从数量上理解城市化进程。城市化水平是社会经济的反映，但在特定的历史阶段所反映的内涵是不一样的。同样的城市化水平，在不同的国家所反映的内涵是不一样的，因为统计口径和国情不一样。所以，不能对城市化水平作简单的类比并推断社会经济发展的阶段和水平。

片面追求城市化水平，片面追求城市规模是没有意义的。现在，一些城市盲目提出“建设双百城市（一百万人口、一百平方公里）”“三年内再造一个新城”等等，也是不切实际的。城市的发展有其客观规律，不仅取决于现状基础，更取决于产业和就业岗位的支撑。

城市存在的价值在于其效益优于其他地域空间，在于其功能的完善和质量的优越，在于其数量规模和功能质量的统一。因此，在实施城市化战略，推进城市化进程中，要在积极发展产业，提供就业岗位的基础上，扩大城市规模；在完善城市功能，提高城市质量，改善投资环境的基础上，提高城市效能。避免在制定城市规划的过程中，在政府的报告里盲目地提出不切实际的城市规模。

2. 关于城镇空间布局的引导

城镇空间布局的优化不同于行政区划调整的市、县、乡、镇的撤并，不是在短期内可以完成的，而是一个长期的有计划的引导过程。前一阶段的乡镇撤并是非常必要的，但是由于被撤销的乡镇已经具有一定的人口和建设规模，因此是有一定的成本的。由国务院批准的《江苏省城镇体系规划》确定了全省“三圈五轴”的城镇布局结构，确定到 2020 年全省约保留 650 个建制镇，这并不是马上要把其他的乡镇撤掉，而是要加以正确引导，要制定具体的政策和措施加以引导。

因此，各级政府、各部门要有高度的责任感，要有整体观念和全局观念，积极地引导城镇的合理发展。对于保留的乡镇，要努力创造发展条件，如增加公共财政投入，高标准建设学校、医院等公共设施和公用设施，高标准地配置市政基础设施，提供优惠的税收政策和土地政策，努力创造良好的投资环境，引导人口、资金和产业向这些乡镇集聚。对于要撤并的乡镇，要限制其发展，促使其现有的人口、资金和产业的转移。

这样，等到条件成熟时，再在行政建制上加以乡镇的撤并，减少社会成本，保持社会安定。

3. 关于工业开发区的集聚

改革开放以来，以工业为主的经济技术开发区是江苏经济高速增长的最主要动力，这是不争的事实。实施城市化战略，按照城市化水平平均每年1个百分点的速度增长，每年将有70多万农村人口的转移。大量的农村人口向城市转移，大量的一产剩余劳动力向二产和三产转移，必须提供相应的大量的就业岗位，发展工业也将成为必然的选择。

但是，目前的各级各类开发区名目繁多，如经济技术开发区、科技工业园区、出口加工区、海洋工业园区、现代农业开发区、化工工业园区、冶金工业园区、台湾工业园区、印尼工业园区、民营工业园区等等，不胜枚举。而且，一个城市有若干个不同名称的开发区，城市的各个区也有开发区，县城有开发区，乡乡镇镇都有开发区。一个城市有多个开发区，造成多面出击，恶性竞争；乡乡镇镇都设开发区，不符合城市化战略引导集聚集约发展的原则，容易造成再次分散。

因此，对现有全省各级各类开发区有必要在优惠政策的层面上进行归类，是否有必要对全省各级各类开发区的单位用地面积的投入产出状况进行综合评估，制定分类指导的政策；一个城镇原则上只能设立一个开发区，减少相互间的无序竞争；按照集聚集约发展的要求，鼓励在设市城市、县城和重点中心镇设立开发区，限制在一般乡集镇和拟撤销的乡镇设立开发区，引导人口、资金和产业向城市和重点中心镇集中，防止在实施城市化战略过程中的再度分散。

4. 关于区域基础设施的共建共享

实施城市化战略以来，省政府加强了区域基础设施的共建共享的管理和协调，苏锡常都市圈区域供水开始实施，苏锡常都市圈的轨道交通和绿化系统也已经提上议事日程。但是，目前的区域基础设施的共建共享仅仅迈出了第一步，今后的工作任重而道远。

各地虽然在思想上有所认识，但由于受行政经济的影响，难以将其摆到重要的位置上加以认真考虑。或者虽然认识其重要性，但涉及眼前利益和长远利益、自身利益和整体利益的矛盾时，往往又难以付诸实施。

因此，建立跨不同行政区域的协调机制，协调区域基础设施共建共享过程中的各种矛盾；研究制订区域基础设施共建共享的相关政策，平衡各方面的利益是实现区域基础设施共建共享的当务之急。

5. 关于干部考核制度的调整

在我国现行的政治体制下，对各级干部考核的内容和方法决定着社会经济工作的方向。在实施城市化战略，强调区域共同发展，强调整体利益和全局利益高于部分和局部利益的前提下，以行政单元的利益为基础的行政经济将面临考验。

如经济指标的考核，就要求各个行政单元追求经济指标，发展工业是最现实并且是见效最快的途径之一。因此，目前所有的乡镇都要设立开发区。这样，城市化战略引导集聚集约发展的目标就很难实现，乡镇撤并、优化城乡空间的目标也很难落实。而且，容易导致类似于乡镇企业分散建设后的再次分散。不仅如此，这种分散的产业布局，必将导致基础设施的分散建设和重复建设。又如一些城市的区为了追求经济指标都在设立开发区，这就使得一个城市的工业多面出击，影响城市的整体布局和功能的完善，影响城市的人居环境，影响城市的可持续发展。

因此，在实施城市化战略的进程中，需要研究制定一套分类指导的干部考核制度，对不同的地区、不同的行政单元实行不同的考核要求。如对于规划中准备撤并的乡镇，其主要的任务就是引导人口和产业的有序转移，减少社会成本。对于一些生态敏感地区，其主要任务就是保护生态环境，保持区域的生态平衡。对于一些历史城区，其主要的任务就是保护历史文化遗存，创造良好的人居环境和投资环境，发展第三产业。对于一些适合发展第二产业的地区，就是要大力发展工业，创造经济的高增长。这样，从整体上进行平衡和协调，达到局部之和大于整体的效果，保障社会经济的可持续发展，这正是城市化战略的目标。

本文原载《城市评论》 2003 年第 3 期

实施城市化战略是全面建设小康社会的重要举措

自2000年开始，江苏省委、省政府将城市化战略列为江苏省五大发展战略之一。从那时起，各行各业都从各自的角度热议城市化。城市化是社会发展进程中的一种现象，也是社会发展过程中必经的一个阶段。一般来说，城市化水平越高，社会经济发展的水平也就越高，所以从某种程度上来说，城市化水平就成为社会经济发展水平的标志。但其实两者之间有相同的发展趋势，但并不能完全画等号。

我们小时候生长在农村，生活条件非常艰苦，看到城里人生活条件远比我们农村人要好，不知道为什么？所以，我们就想方设法要到城里去，但因为户口的问题始终进不了城。后来改革开放了，我们通过考大学进城了，在当时，这是件天大的事。这种想法就是最原始的城市化动机，这样的过程也是城市化过程，当时，想进城过好日子，实际上就在推动并践行城市化。今天看来，要过上美好的生活，也未必一定要进城，在乡村，也许生活的比在城里还要好。

显然，社会发展是如此的快，以至于我们对社会的认知都跟不上社会发展的速度。曾经，认为是一定的必然的事情，今天，就显得不确定，甚至会得出相反的结论，社会变得如此多元。

党的十六大确立了全面建设小康社会的奋斗目

标，为我国在本世纪初的20年指明了方向。我省从2000年全省城市工作会议以后，开始全面实施城市化战略，其目的就是要合理调整经济结构，有效利用空间资源，稳妥解决三农问题，全面提高国民素质，促进我省经济的高速、稳定和可持续发展。因此，坚定不移地实施城市化战略是贯彻落实党的十六大精神，全面建设小康社会的重要举措。

一、城市化战略与翻两番

十六大报告指出，“在优化结构和提高效益的基础上，国内生产总值到2020年力争比2000年翻两番，综合国力和国际竞争力明显增强”。翻两番，其核心的内容是要发展经济。对于我省而言，国内生产总值将要从2000年的8580亿元增加到2020年的34320亿元，甚至更多。

城市化水平是经济发展水平的外在表现，一般地说，经济水平高，城市化水平也高。2000年全球的城市化水平为50%左右，美国的城市化水平为80%左右，中国的城市化水平为36.1%，江苏的城市化水平为41.5%。在实施城市化战略以后的2002年，江苏的城市化水平达到了44.7%，从2000年底到2002年底的两年间，全省有240万人口从农村有序地向城镇转移，相应的户籍、土地、投资等政策也有很大的调整，更加有利于经济的发展。

城市是各种优质要素集中的区域，是经济效益最高的地域空间。2002年全省城镇居民可支配收入为8200元，是全省农民纯收入3995元的2.05倍。因此，发展经济，首先就是要发展作为第二产业和第三产业载体的城市。

我省实施城市化战略，明确提出了“大力推进特大城市和大城市建设，积极合理发展中小城市，择优培育重点中心镇，全面提高城镇发展质量”的城市化和城镇发展方针，把经济工作的重点转移到城市，同时强调城镇空间的优化，强调城镇规模和质量的统一，为经济结构的调整创造条件，为经济的高速发展提供良好的空间和载体。

二、城市化战略与三农问题

十六大报告指出，“城镇人口的比重将大幅度提高，工农差别、城乡差别和地区差别扩大的趋势逐步扭转”，其本质就是要解决三农问题。所谓三农问题，就是农村发展、农业增效和农民增收问题，这是社会主义初级阶段的重大课题之一。从解决三农问题的意义而言，强化农业，还得要大力发展非农产业；繁荣农村，还得要大力推进城镇化；富裕农民，还得要大量减少农民。

江苏的基本省情是人多地少，农村劳动力大量过剩，仅从农村外出打工的建筑工人就达240多万人，从某种意义上来说，中国最大的失业人口在农村。基于70年代、80年代江苏农村人多地少、资源稀缺、劳动力剩余、收入水平低以及当时的土地、户籍政策等省情，乡镇企业蓬勃兴起，这正是解决三农问题的自下而上的城市化过程。

实施城市化战略，就是要让农民有序地从农村向城镇转移，按照到2020年城市化水平达到60%的目标，每年的城市化水平要提高1个百分点多，每年要有70多万左右的农民有序地向城市转移；在农民有序地向城市转移的同时，让农民人均占有更多的生产空间，减少农产品的成本，提高农业的效能，缩小城乡差别；在人口有序转移的同时，形成紧凑型的城市，开敞型的区域，为现代城市和现代农业提供良好的空间。因此，城市化战略，并非城市战略，而是城乡协调发展的战略，是解决三农问题的必由之路。

三、城市化战略与国民素质

十六大报告指出，“全民族的思想道德素质、科学文化素质和健康素质明显提高”，其核心内容就是要提高国民素质，为中华民族的腾飞奠定坚实的文化基础。

目前，从整体上讲，农村人口的国民素质、文化水平和健康状况普遍比城市差，苏北地区的国民素质、文化水平和健康状况普遍比苏中和苏南地区差，这种差距与城市化水平高低是基本吻合的。据资料，我省特大城市、大城市、中等城市和小城市的万人科技人员数分别为990人、864人、777人、693人，农村的指标就更低。

基于农村的经济状况和分散建设的现状，农村的学校、医院、文化设施、体育设施等公共和公用设施的水平普遍比城市低，而且农村的交通、信息和对外联系的能力也比城市要差，这就使得农民的整体素质低于城市居民。

实施城市化战略，就是要为农村人口向城市的转移创造条件，让更多的农村人口转化为城市人口，享受城市居民的文化教育、医疗保健和现代文明，使农村人口融入城市文明。与此同时，在农村空间和人口不断优化的前提下，加强重点乡镇的学校、医院、影剧院、体育设施等公共设施的建设，为提高农村人口的国民素质提供基础设施。

四、城市化战略与可持续发展

十六大报告指出，“可持续发展能力不断增强，生态环境得到改善，资源利用效率显著提高，促进人与自然的和谐，推进整个社会走上生产发展、生活富裕、生态良好的文明发展道路”，其核心内容是可持续发展。

随着经济的迅速发展，诸如土地、矿产和水资源稀缺，水体和空气环境污染，城乡空间布局分散，基础设施重复建设，南北区域发展不平衡，城乡经济差别明显等等问题越来越突出，严重影响江苏社会经济的可持续发展。

实施城市化战略，提出在全省构建“三圈五轴”的城镇空间结构，就是要引导人口、资金等生产要素向“三圈五轴”以及周边地区集聚，有效利用土地等空间资源；就是要建设功能完善的城镇空间，为第二产业和第三产业的发展提供良好的空间，为产业结构的调整和优化创造条件；就是要形成开敞的农业空间，为现代农业的发展创造条件；就是要淡化行政关系，强化经济联系，强调区域资源的综合利用，强调区域基础设施的共建共享；就是要划定生态敏感地区，切实有效地保护生态环境，保障经社会经济的可持续发展。

实施城市化战略以来，南京、苏州、无锡、淮安、常州、扬州和镇江等七个城市进行了行政区划的调整，解决了市县同城问题，为大城市的发展提供了发展空间。乡镇总数从1998年的1974个减少到2002年的1330个左右，城镇的规模逐步扩大，城乡空间得到优化。区域供水开始实行，苏锡常都市圈内有170多个镇已经联网供水，为提高供水水质和解决地面沉降等地质灾害问题创造了条件。苏锡常都市圈绿化系统已经完成规划编制工作并已得到省政府的批准，苏锡常都市圈的轨道交通的研究工作也已展开，这些区域性基础设施的建设必将为江苏经济的可持续发展奠定基础。

本文原载《江苏建设者》2003年第4期

建设都市圈绿化系统，促进经济可持续发展

苏锡常都市圈是《江苏省城镇体系规划》确定的江苏省三大都市圈之一，是江苏省乃至全国最发达的地区。2000年以后，江苏省委、省政府把城市化战略列为江苏省五大发展战略之一，在组织编制《江苏省城镇体系规划》以后，又组织编制了《南京都市圈规划》《苏锡常都市圈规划》和《徐州都市圈规划》。在此基础上，针对苏锡常地区高速发展的城市化和工业化进程带来的环境和生态的巨大压力，人们逐渐认识到非常有必要保留一定数量比例的绿化空间。为此，在《苏锡常都市圈规划》的指导下，组织编制了《苏锡常都市圈绿地系统规划》。

在《苏锡常都市圈绿地系统规划》的编制过程中，首先对苏锡常都市圈范围内的绿化覆盖率和绿化品种进行了系统的调查和评估，从生态和环境保护及其环境容量的要求角度，明确这一地区必须要保留的绿地率和绿化覆盖率。其次是明确了沿太湖、沿长江、沿铁路和沿高速公路的绿化带及其宽度的要求。第三是明确了宜（兴）溧（阳）金（坛）山区的绿化要求。后来的太湖污染治理和沪（上海）宁（南京）铁路治理过程中，基本上按照《苏锡常都市圈绿地系统规划》提出的要求组织实施。

自江苏实施城市化战略以来，苏锡常都市圈的城市化水平稳步提高，经济高速增长，城镇规模迅速扩大，区域基础设施的建设加快，成效显著。

但我们同时应该看到，城乡空间亟待优化，绿化总量明显不足，生态环境压力明显增加。因此，建设苏锡常都市圈绿化系统，有效分隔城镇空间，加强基础设施防护，改善生态环境，促进经济的可持续发展应该提上议事日程。江苏省建设厅和江苏省农林厅根据省政府的要求，组织编制了《苏锡常都市圈绿化系统规划》，年初由省政府批准实施。

一、建设苏锡常都市圈绿化系统的必要性

1. 快速推进的城市化

苏锡常都市圈是江苏省乃至我国经济最发达的地区之一，也是城市化水平最高的地区之一，2001 年苏锡常都市圈人均 GDP 达到 2.79 万元，城市化水平达到 55%，比全省城市化水平 42.6% 高出 12.4 个百分点。苏锡常都市圈城镇人口高度密集，人口密度达到 775 人 / 公里 ^{2}，城镇密度达到 16 个 / 千公里 ^{2}，并且城镇发展连绵成片的趋势十分明显，尤其是苏锡常之间连绵成片的趋势更加突出。面对人多地少、城镇密集的现状，苏锡常都市圈迫切需要构筑合理的城乡空间和优良的生态环境，以保证在城市化加速发展的过程中，物质空间与生态空间有机协调，经济效益与社会环境效益得以综合发挥。

2. 日益提高的生态环境需求

苏锡常都市圈高速的经济增长伴随着大量的“三废”排放，大量的建设伴随着山体的开挖和水体的减少等生态环境的破坏。七八十年代工业化造成的污染在短期内难以彻底消除，分散建设造成的污染难以集中治理，产业结构的调整在短期内也难以完全实施。经济的高速持续增长，人民生活水平日益提高的同时，人们对生态环境的要求也越来越高。在经济高速增长的前提下，全面建设小康社会，生态环境就成为重要的因素。因此，生态环境的品质已经成为人们关注的重点和经济发展的重要基础。

3. 严重不足的绿化总量

据资料，2000 年苏锡常都市圈共有各类林地 1306 平方公里，人均森林面积仅为 0.15 亩，只有全省平均水平的 50%，还不到全国平均水平

的 10%；苏锡常都市圈的森林覆盖率为 7.46%，比全省森林覆盖率平均水平 10.56% 低 3.1 个百分点，比全国森林覆盖率平均水平 16.55% 低 9.09 个百分点。一般认为，森林覆盖率达到 26% 以上，森林对区域的生态平衡状态才能发挥作用。据此，苏锡常都市圈的绿化总量严重不足，与苏锡常都市圈的经济发展状况和可持续发展要求不相协调，难以满足都市圈经济高速增长过程中的生态平衡。

二、建设苏锡常都市圈绿化系统的基本构想

1. 建设绿化系统的目的

贯彻落实《江苏省城镇体系规划》和《苏锡常都市圈规划》确定的优化苏锡常都市圈城乡空间的原则和要求，全面构筑、优化都市圈绿化系统，实现都市圈“紧凑型城市、开敞型区域”的空间布局，加强都市圈生态环境建设，改善都市圈人居环境，提升都市圈整体环境品质，促进都市圈社会经济的可持续发展。

2. 建设绿化系统的重点

充分利用都市圈的绿化空间和绿色要素，对城镇空间进行合理分隔，有效控制城镇之间的无序的连绵发展；为区域重大基础设施提供绿色防护，保障区域重大基础设施的安全；为城市及居民的生活提供绿色安全防护，创造良好的人居环境；维护和恢复自然山水景观形态，优化都市圈整体生态质量。

3. 绿化系统的总体布局

根据都市圈城镇密集，长江、太湖等水面众多，重大基础设施密集以及平原和丘陵相间的空间特点，构筑都市圈“一环一区、两带两线、五片六隔多点”的多层次、多功能、网络化的绿化系统总体布局（见文后附图）。

“一环一区”就是沿太湖山水生态保护环和宜溧金丘陵山区生态保护区。

“两带两线”就是沿长江和沿沪宁交通走廊的两条绿色生态防护带；锡（无锡）澄（江阴）、锡宜（宜兴）和苏（苏州）嘉（嘉兴）杭（杭州）两条高速公路沿线的生态防护林。

“五片六隔多点”就是长荡湖、滆湖、阳澄湖、澄湖和北麻漾等五片水网生态保护区；苏州和无锡、苏州和常州、苏州和吴江、苏州和昆山、昆山和太仓、无锡和江阴之间等六个城镇空间的绿化分隔。

4. 建设绿化系统的目标

迅速增加都市圈各类绿地，加强都市圈绿化系统建设，森林覆盖率每年增加 1 个百分点以上。到近期的 2005 年，新增各类林地近 490 平方公里，森林覆盖率达到 10% 以上。远期到 2020 年各类林地达到 3130 平方公里，森林覆盖率达到 18%，并应努力达到 20% 以上，尽可能与理论上的生态平衡所需的森林覆盖率相接近。

构筑高质量、高效益的都市圈绿化系统，满足苏锡常都市圈生态平衡系统的要求，形成城镇空间和绿化系统有机交融，自然山水、景观风貌富有特色的天人合一的都市圈区域人居环境，为都市圈社会经济的可持续发展提供区域空间生态环境支撑。

三、几点建议

1. 提高对建设绿化系统的认识

建设苏锡常都市圈绿化系统，在短期内很难见到经济效益。但是，这是一项战略性的举措，涉及都市圈生态环境的改善，涉及都市圈整体利益和社会经济的可持续发展。因此，各地都应充分认识都市圈绿化系统建设的重要性，高度重视都市圈绿化系统的建设工作。

2. 制定相关政策和措施

都市圈绿化系统是大面积的绿化建设，在实施过程中会遇到许多新的问题。就林地的性质而言，有商品林、经济林，更多的则是生态防护性质的公益林。就林地的权属关系而言，涉及到林地的使用权、经营权和林木所有权的归属。就资金的投入而言，数量非常之大，涉及到资金的来源和投融资的方式。因此，要研究制定相应的土地流转政策和林地的种植、管理、经营、收益政策以及投融资政策，鼓励有关各方积极参加都市圈绿化系统的建设。

3. 建立有效的协调机制

都市圈绿化系统建设的实施主体涉及农林、城建、公路、铁路、水利等多个部门；都市圈绿化系统建设的空间涉及城镇和农村等不同的地域；都市圈绿化系统建设的性质涉及经济林、生态林和景观林等不同的类型。因此，在制定相关政策的同时，还应建立有效的协调机制，统一协调都市圈绿化系统的规划、建设和管理，平衡各方面的利益，保证都市圈绿化系统的实施。

本文原载《城市评论》2003 年第 9 期
（本文作者还有吴新纪、吴弋）

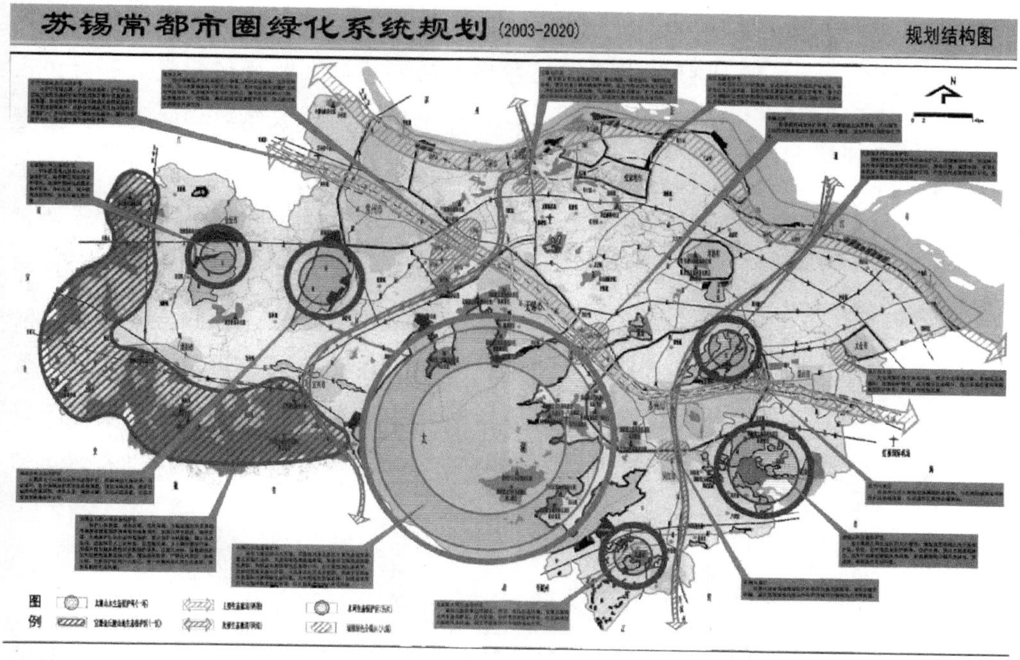

苏锡常都市圈绿化系统规划

江苏城市交通发展新形势、新要求和新举措

当时，江苏正处于城市化和机动化加速发展时期。城乡居民收入的增加和生活的富裕、城市建设统筹协调和可持续发展等新趋势，对城市对外交通和内部交通体系发展提出的新要求，须结合江苏的实际，借鉴国际经验，提出江苏城市交通发展新举措。

“率先全面建成小康社会、率先基本实现现代化”是当时党中央对江苏提出的明确要求和殷切希望。那时，预见到在未来相当长一段时间内，江苏经济将继续维持高增长势头，城市化和机动化将加速发展，居民收入水平和生活标准将逐步达到富裕化，城市建设和发展将更加强调统筹协调和可持续发展。所有这些都从城市对外交通和内部交通体系的规模、容量、结构、布局、服务等各个方面对城市交通提出更高的要求。在此形势和背景下，江苏的城市交通发展必须充分借鉴国际经验，结合江苏的实际，以创新的思路，采取创新的举措，才能更好地适应和解决城市交通问题。

一、经济持续快速增长和全省实现“两个率先”对城市交通提出更高的要求

交通是决定一个城市区位优势的关键因素，是一个城市竞争力的重

要组成部分。城市资源优势和产业优势等的发挥必须依赖交通条件的有效支撑；否则，这些优势只能是潜在的优势，而无法转化为现实的优势。在经济全球化和区域一体化的大背景下，城市与国际间、区域间、城市间以及城市内部各个功能组团间的联系越来越频繁、越来越紧密、越来越重要。这种联系的快捷性、方便性和可靠性成为决定这个城市发展机会和地位的关键之一，对城市投资环境和经济增长具有重要的甚至决定性的影响。

首先，伴随着我省经济高速增长，城市经济规模扩大，要求更多的资源供给来支撑，城市必须与外界建立更为密切的交通联系；社会活动活跃、资源配置优化使得信息与资源在城市内外流动更为频繁。目前，我省所处的长江三角洲地区经济国际化、区域一体化发展的趋势日益显现。三大都市圈和沿江沿海城市发展轴的城镇集聚发展态势正在逐步形成，城市间横向联系不断加强，省内城市对外客货运量将持续快速增长。城市对外交通通道运能紧张的状况将进一步加剧，现有的城市对外交通设施包括场站、线路的数量与规模还无法满足未来城市对外交通需求数量和质量要求。新的发展形势对我省城市对外交通设施（也即城际交通设施）的规划建设提出了更高的要求。

其次，我省正处于城市化、工业化加速发展的阶段。工业化的快速发展是城市经济的重要增长点，整个长江三角洲地区正日益成为“世界工厂”。工业、制造业迅猛发展使产品输出、原料输入量大大增加，货运总量增长较快，对货运系统的效能提出了更高的要求。社会分工日益细化，工业的专业化程度日益提高使得货物的周转量进一步增加，对货运网络化提出了更高的要求。工业科技含量增加，逐步实现由传统制造业向高新技术产业的转轨，对于货物运输周转速度、运送条件要求更加苛刻，货运结构也因此产生重大变化，集装箱运输、高新技术产品运输及特殊运输业发展迅速，对货运科技水平提出了更高的要求。随着货运要求的不断提高，现代物流业迅速崛起，物流业与工业逐渐分离并逐渐成为对经济增长至关重要的新兴产业，这一发展趋势对货运的信息化、智能化提出了更高的要求。物流在区域乃至世界范围的流动成为经济全球化和区域一体化的标志，大型企业的发展和跨国公司的进入使城际间物流进一步得到加强。城市本身功能的完善也要求城市建立一套完整的货运配送系统。

第三，改善人民生活，全面建成小康社会是“两个率先”所倡导的社会发展目标。随着我省经济持续快速增长，第三产业发展速度很快，人民生活水平得到了极大的改善，社会生活更加丰富多彩，居民消费、购物、娱乐的出行次数大为增加，出行距离也在延长，使得城市客运交通量不断攀升；另外，城市人口的增长，特别是流动人口的增长也是引起客运交通需求增长的重要因素，因此，城市客运交通需求与日俱增。城市客运运能能否满足规模巨大的居民出行需求对城市交通是一个巨大的挑战。同时，城市人口的分布也在随着城市用地和空间布局的变化而变化，决定了城市客流的密度、强度、分布处于不断变动之中，对城市客运交通的适应性提出了更高的要求。再者，居民城际间公务、商务、旅行出行日益频繁对城市客运与对外客运换乘提出了更高的要求。

二、城市化和城市现代化对城市交通提出更高要求

近年来，我省城市化正在以每年超过 1.5 ～ 2.0 个百分点的速度迅速提高，这一势头在未来 10 年内将进一步加快。城市人口规模的进一步扩张和产业、服务功能的集聚使本已先天不足、相当紧张的大城市交通基础设施压力继续加大。据上世纪 80 ～ 90 年代珠三角外来人口大规模涌入后，新世纪苏南地区成为外来人口增长最快的地区。苏州、无锡以及昆山、常熟、江阴等市外来打工者和商务客流大幅度上升。人口流动性的加大，外来人口的大量增加，使按照计划经济模式下制定的交通基础设施供应标准难以适应新的市场经济条件下的城市客货运输需求。

全省各城市用地均在快速扩张。这使得居民出行距离加大，原有的以非机动方式为主、以地面交通为主的交通模式将难以满足需要，城市交通必然向更为高级的机动化、综合化、立体化的模式发展。随着城市用地的不断扩大，城市单中心结构在交通、环境等方面将遭遇无法克服的难题，而逐渐向多中心结构转化，人口的分布、基础设施的配置都会

因此产生较大变化，城市客流分布也会随之变化，城市单中心结构下放射状的交通网架将难以满足多中心城市的交通需求，城市交通网架必然由中心放射向网络化转化。

大城市中心区、CBD的发育和增强将使中心区交通矛盾进一步激化。我省主要城市中心区道路网、停车供应都十分紧张，公共交通又不很发达，没有大容量轨道交通支持，同时在出行吸引量和机动车交通量大量增长的情况下，城市中心区交通问题将日益突出，甚至不堪重负。

大城市郊区化和机动化的联动发展使城市交通拥挤面从中心区、老城向城市外围地区迅速蔓延。我省各大城市已经进入了机动化高速发展的阶段，城市郊区化也随着机动化同步发展，与国内外其他大城市类似，我省大城市出入口交通拥堵必将日益凸现出来。

在我省城市化高速发展的形势下，城市用地开发、基础设施建设的不均衡性将长期存在，城市中心区周边、城市各中心之间的交通走廊以及城市内部交通与对外交通的衔接点都是容易产生拥堵的瓶颈地区，通道、节点的交通拥堵将对城市交通系统的运行效率产生巨大的负面影响。

对中小城市而言，主导交通方式必然是个体化的。目前，我省中小城市正处于机动化的高增长起步期，表现为自行车增长相对趋缓，摩托车、助力车高速增长，小汽车开始进入居民家庭。同时农村城市化和农民富裕化也带来机动车的高增长，并大量进入中小城市。在中小城市建设和管理中，比较普遍的问题一是缺乏合理的道路网体系规划，盲目与大城市攀比，建大马路，不重视城市合理的尺度和道路网的密度；二是重建设，轻管理，交通秩序混乱，交通事故率居高不下。

三、居民出行机动化和需求多元化对城市交通提出更高的要求

随着经济的增长、城市化的快速发展，居民出行必然要走向机动化，小汽车化是机动化最重要、最具影响力的方面，对城市交通面貌的影响最深刻。根据国际经验，当人均GDP达到3000美元，小汽车将开始快速进入家庭；当人均GDP超过1万美元，小汽车将逐步普及化。我省经济发展速度和城市化水平决定了居民出行机动化程度将越来越高，城市

交通方式结构将因此发生根本的变化，以公交、小汽车为代表的机动化出行方式将逐渐占据主导地位，城市机动车尤其是小汽车保有量迅速增长。根据国际经验，未来 5 ～ 10 年是我省小汽车进入家庭最快的时期，机动车保有量将呈几倍、几十倍增长，城市道路交通和停车设施承受的压力将是空前的。

与此同时，随着居民生活水平极大提高，市场化趋向导致的贫富差距拉大，居民出行需求的多元化、个性化将成为新趋势，居民对出行交通质量更加关注，便捷性、时效性、舒适性甚至自由度、隐私性都成为居民选取交通方式的考虑因素。各种不同的客运交通方式有其自身的特点、功能和作用，满足不同居民不同出行目的、不同消费能力和需要的出行选择。居民出行需求的多元化使得客运交通方式比例不断变化。作为一个健全的城市客运交通体系，不能简单地排除任何一种交通方式，而应当充分尊重居民多样化的出行需求，通过科学合理的交通政策引导、交通设施规划建设和交通系统组织管理，使它们各得其所、优势互补，共同组成一个有机的整体。

四、统筹协调和可持续发展对城市交通提出更高的要求

怎样集约利用资源，克服资源短缺带来的负面影响，将是我省经济实现可持续发展关键问题之一，对城市交通提出了更高的要求。首先要求城市交通自身的运行更加集约化，包括选用集约的交通模式、采用集约的交通方式、进行合理的交通设计等等；其次，要求城市建立一套有利于资源集约利用的交通体系，特别是要有利于提高城市用地的使用效率和价值；第三，城市交通发展要有利于促进国民经济精明增长、其他产业资源集约利用，实现整体效益最大化。

环境问题也是城市交通面向可持续发展需要解决的重要课题。近年，我省机动车的快速发展使得城市交通对环境的污染逐年严重，使本来已经脆弱的环境雪上加霜。机动化的快速发展，已经使得城市空气污染构成比例发生很大变化，传统煤烟型污染逐步下降，而碳氢化合物和氮氧化合物等机动车废气污染的比例逐年上升，同时一些大城市在居民密集

地段或商业街区修建城市快速路，造成的噪声污染也十分严重。城市环境的日益恶化引起了社会越来越广泛的关注，也对城市交通提出了更高的要求，城市机动化应该采取清洁、污染小的交通工具，因此，应积极倡导公交优先、加快轨道交通建设，同时，要为步行、自行车交通等无污染的交通方式创造良好的出行环境。

市场化趋向使城市交通问题进一步复杂化、尖锐化，也对城市交通发展提出了更高的要求。首先，开发商、业主出于对自身利益的最大追求，总是选择有利可图的区位，尽可能提高容积率，而且在市场化初期往往带有较大的盲目性，而将社会公共利益放在次要位置，或者根本忽视。交通基础设施（轨道交通空间、道路、停车场、公交场站等）是社会公共设施，往往受到挤占、蚕食；城市局部地区交通需求过分集中，道路及交叉口交通不堪重负；居住区停车供应不足，车辆出入困难，公交场站无处布设，等等。这些现象在中国大中小城市，无论是旧城、市中心区还是外围新区都不同程度存在。第二，人们的就业和居住选择将具有更大的自主性、灵活性（特别是国家正进行城市户籍制度改革）。这种选择既受到交通供应（道路、公交、停车等）的制约和影响；反过来，在群体的选择下，形成新的交通流分布格局，产生新的交通矛盾。第三，交通价格（包括道路使用费、停车收费、公交票价、出租票价、车辆购置和使用税费等）的定位将影响交通方式的选择和交通设施使用效率。价格的不合理将直接导致交通工具的不合理发展和使用，交通结构的严重失衡，交通设施的低效率运输和不合理拥堵等。市场化趋向带来的诸多交通问题要求城市交通发展必须贯彻科学的发展观，统一规划、统筹协调，科学决策、民主决策。

五、江苏城市交通发展新举措

首先，确立区域差别化的小汽车发展政策。根据国家汽车产业政策，鼓励私人小汽车发展已经成为一条既定方针。发展私人小汽车对我省经济增长具有积极拉动作用，也是广大老百姓收入水平和生活水平提高以后的一种现实需要。因此，总体上应当积极创造条件，适度满足小汽车交通发展的需要。同时，我们对小汽车超高速增长和过度使用将给城市带来的影响和冲击、对我省土地资源的紧缺性和城市道路承受能力的局限性有足够的认识和重视。对小汽车交通发展要因市、因地、因时制宜，取其利而弃其弊。特大城市和大城市要积极提倡优先发展公共交通，引导市民理智地购买和使用私人小汽车。对中心区、主城区、外围新区、新城等不同区域的汽车发展和使用应区别对待，有不同的交通引导政策、不同的规划建设标准。中小城市则应当鼓励和满足小汽车的发展和使用。

其次，积极推行大城市公交优先发展政策。国际经验已经充分证明，解决大城市交通拥堵的根本出路在于大力发展大容量、高效率的公共交通。我省各大城市人口密集、土地资源紧张，而且都具有悠久的历史背景、丰富的文化遗产，更要坚定不移坚持将公交优先发展作为大城市交通发展长期坚持的战略。要把优先发展公共交通作为一项重要的城市公共政策，作为各市党委和政府义不容辞的目标任务。到 2010 年我省城市公交出行比例 100 万以上特大城市要不低于 30%，50 ～ 100 万的大城市不低于 20%，中小城市争取超过 10%。要积极吸取欧洲、日本，特别是新加坡、中国香港等国际先进城市优先发展城市公共交通的经验，在大力发展常规地面公交的同时，要积极推进轨道交通、大容量快速公交、支线（小型）公交等多种形式公交方式和网络的发展建设；要做好公交场站设施布局规划和用地控制；要通过政策、技术、行政和管理等多种途径，落实公交优先发展措施；既要通过市场化改革，吸引多元化投资、调动各种积极因素发展公共交通，更要切实建立政府主导下的公交事业发展倾斜扶持政策、服务监督体系、效益保障机制。

第三，积极倡导建设城市绿色交通体系。全省各城市要从以民为本、建设社会主义和谐社会的高度，按照建设部和公安部创建“绿色交通示范城市”的要求，在城市交通规划、建设、管理中要积极倡导绿色交通的理念，逐步建立起以公共交通（包括快速轨道交通）为主体、融个体交通（步行、自行车、小汽车等）为一体的、多元化协调发展的综合客运体系。

除了大力发展公共交通和适度发展小汽车交通之外，对步行交通、自行车交通、残疾人交通等要给予特别的重视和关怀。步行交通是人们最基本的出行方式。闲暇时间增多，人口老龄化加剧，信息化程度提高，对残疾人、少年儿童出行的关怀等带来步行出行需求数量和质量要求的提高。步行交通质量是体现城市现代化文明程度的重要标志。因此，政府需加大步行设施建设，加强步行空间的改造和管理，努力塑造一个安全、舒适的友好的步行环境。所有人行道路面施行永久性铺装，设置盲道、无障碍坡道，人行道的平整度必须满足规范要求。人行道与非机动车道或机动车道之间设置柔性（或绿色）隔离。城市快速路和交通性主干道上必须设置足够的立体人行过街通道（天桥、地道），平面交叉口、人行横道处设置人行信号灯，并提供盲人语音提示，路中要设置行人安全岛，确保行人（包括残疾人）安全过街。有条件的商业中心、商业街、公共活动中心设置步行区。

自行车交通是大城市交通系统不可分割的重要组成部分。当前自行车交通仍然是我省各地城市居民出行的主导方式。国际公认自行车交通是一种环保、绿色的交通方式。自行车作为短距离出行和公共交通的接驳出行的交通工具，完全应当鼓励和倡导。我国自行车交通的主要问题是在特定的历史阶段、特定的市民收入水平下使用的泛滥化。随着市民收入水平迅速提高，对出行服务质量要求也在逐步提高，自行车交通正在逐步向机动交通方式转化。在这个转化过程中，我们应当因势利导，既要通过优先发展公交，争取自行车交通向公共交通转化；又要以实现机非分流、改善交通秩序、发挥自行车合理的作用、方便市民出行为目的，通过加密支路网、调整干道横断面、建设自行车停车设施等多种措施，着力解决自行车交通通畅、安全和停放等问题。

要特别重视城市道路规划建设中的绿化和城市特色保护。要严格遵守国家文物保护法和历史文化名城保护条例，在城市道路规划建设中应当充分考虑人文古迹、传统风貌、自然景观、街巷格局等城市特色和遗产的保护。旧城区改造中要尽量避免大拆大建。旧城的道路红线标准在保证基本交通功能的前提下，要保持宜人尺度。老路拓宽改造中，要通过科学的分析、合理的规划和灵活的设计，尽最大努力保护已成林的行道树、特别是古树，还有古桥、古巷、古井、古河、古宅等宝贵的文化资源。

第四，积极推行停车产业化和民营化政策。日本以及我国香港和台湾地区的停车场建设经验表明，走产业化和民营化之路是解决城市停车设施匮乏、停车建设资金缺乏的一条捷径。全省各市要通过停车设施建设投资体制的多元化和民营化改革促进城市停车设施发展的良性循环。为了鼓励各方面共同参与停车场的开发、建设和经营，政府要制定相应的优惠政策和配套管理政策。优惠政策如在停车场土地批租、征用、融资贷款、捐税减免、配建车位超额奖励、车位销售等方面制定明确的奖励办法，提高投资者、经营者的积极性。配套管理政策如制定合理的停车价格、严格控制路内停车数量、严管地面违章停车等。

第五，认真贯彻执行城市建设项目交通影响评价制度。通过建设项目交通影响评价（国际上通常称交通影响分析 Traffic Impact Analysis）制度，来避免大型城市建设和土地开发项目不恰当选址、减轻城市道路交通不合理负担、合理优化项目及其影响区域的交通设施规划和交通组织设计，从源头上保证城市交通系统有序正常运行和项目本身良好的交通条件，是国际城市的通行做法。此项制度已经在国务院颁布的《〈中华人民共和国道路交通安全法〉实施条例》和《江苏省道路交通安全条例》中都做了明确规定。全省各市政府和城市规划、建设及交通管理等职能部门都要认真贯彻落实这一制度，省规划建设和公安交通管理主管部门要将交通影响评价制度执行情况作为道路交通畅通工程和绿色交通示范城市检查评比的重要内容和考核指标，对各市进行督促检查，争取走在全国的前列。

本文原载《江苏城市规划》2006 年第 3 期

（本文作者还有杨涛、余翔）

参考文献

[1] 李小江，阎琪，赵小云编，中国城市交通发展战略，中国建筑工业出版社，1997。

[2] 黄良会，叶嘉安主编，保护城市交通畅通——香港城市交通管理经验，中国建筑工业出版社，1996。

[3] 全永，刘小明，杨涛等著，路在何方——纵谈城市交通，城市出版社，2001。

[4] 周干峙等，发展我国大城市交通的研究，中国建筑工业出版社，1997。

城乡规划全覆盖中的城市综合交通规划研究

当时，江苏已进入工业化转型期、城市化加速期、市场化完善期和国际化提升期，省委、省政府审时度势，从全局和战略高度出发，要求加强和改进城乡规划工作，积极推进城乡规划全覆盖，增强城乡规划的科学性、前瞻性、指导性，努力实现率先发展、科学发展、和谐发展。同时，随着经济高速度增长，城市化进程快速推进，城市客货交通需求快速增长，城市内、外交通压力日益加大，交通问题已经给城市经济社会发展带来严重影响。解决城市交通问题，必须从城市综合交通规划的编制工作抓起。根据城乡规划全覆盖的综合部署，开展城市综合交通规划，全面、系统地研究、解决江苏城市交通的问题，是当时城市规划的一项十分重要的工作。

江苏城市交通的基本特点与主要问题

城乡交通需求快速增长。随着城市化、工业化的快速发展，经济活动日益频繁，人口流动加快，城乡客货运输需求增长迅速。全省城市化水平 2000 年为 41.5%，2005 年上升到 50.5%，净增 660 万城镇居民。城市人口迅猛增长，城市建成区不断扩大，城市居民出行次数增多，出行距离拉长，城市客运交通总量增长速度是人口增长速度的 2 ～ 3 倍。城市内部建筑运输量、商贸流通运输量、生活货物运输量等全面增加，2000 年全省完成货物周转量 1743 亿吨公里，2005 年就已经超过 3000 亿吨公里。

居民出行机动化程度迅速提高。1998 年到 2005 年，全省机动车总量年均增长 17.4%，其中民用汽车总量增长了 12 倍，私人汽车总量增长了 6 倍，年均增长 47%，远远高于其他车辆的增长速度。2005 年私人小汽车由 40.62 万辆猛增到 60.75 万辆，净增 20.13 万辆，比上年多增 5.81 万辆，增长 49.5%。这与美国、日本、韩国等国家小汽车普及化初期的情形非常类似。城市居民出行机动化水平迅速提高。全省大中城市居民的机动化出行比例从 1980 年代的不足 20% 提高到目前的 30% 左右，苏南地区部分城市已经达到 40%左右。以南京为例，居民机动化出行比例从 1997 年的 23% 上升到 2005 年的约 42%，其中公交出行比例达到了 22.6%。

城市交通规划制定相对滞后。交通设施对于城市发展方向、城市布局形态、土地利用开发等方面有着重大的影响力，城市土地利用规划与城市综合交通规划应相互协调，城市交通规划应该是优先编制的城市规划专项。与城市交通量迅猛增长相比，城市交通规划的制定相对滞后。目前，江苏大多数城市在编制城市总体规划时，没有对城市交通问题进行专题研究，其中的城市综合交通规划不足以解决交通问题，城市土地利用与城市交通未能充分协调。城市总体规划修编完成后，大多数城市没有及时深化编制城市综合交通规划和其他交通专项规划。

城市交通基础设施供需矛盾严重。一是车辆增速远远高于道路增长，车均道路面积始终处于负增长状态。二是城市的内部交通问题向区域扩散，城际通道运能紧张的状况逐渐显现。三是城市中心区、出入口、通道以及重要节点交通拥堵加剧。如南京、无锡等特大城市中心区的道路高峰小时交通量往往在 4000 辆小汽车 / 时左右，是外围城市道路的 2 倍左右。四是大城市中心区停车问题日益突出，许多城市机动车拥有量与公共停车泊位之比不足 10∶1，大部分城市公共停车用地仅占城市建设用地的 0.1% 左右，远远低于规范推荐值，等等。

城市公共交通发展相对薄弱。我国公共交通优先政策虽然提出多年，但没有更广泛具体的政策支持，使公共交通在城市交通发展中的主体地位未能发挥出来。公共交通在规划上处于被动服从的地位，没有发挥在调整用地布局、合理分配交通流中的主导作用。2005 年，江苏公交投资仅占城市建设固定资产投资的 5.0%，低于 2004 年全国平均 6.9% 的水平，与建设部要求的 30% ～ 40% 比例差距更大。南京主城公交线网密度不到 2 公里 / 公里 ^{2}，苏州、无锡等地公交线网密度都只有 1.5 ～ 2.0 公里 / 公里 ^{2}，南通、扬州、连云港等城市则更低，与国家规范要求的 3 ～ 4 公里 / 公里 ^{2} 有很大距离。大部分公交平均换乘系数超过 1.5 次，也不符合规范不超过 1.5 次的要求。目前，江苏城市公交车的运行车速平均只有 15 ～ 18 公里 / 时。受公交体制、建设水平、票制票价、运营管理等多方面因素影响，公交服务适应性较差，总体服务质量不高。

城市交通体系和结构方式不尽合理。江苏城市的交通系统基本都是单一的路面交通系统。大城市主导交通方式依然是步行、自行车、地面公交；中小城市主导交通方式是步行、自行车、摩托车；大部分城市三种交通方式出行比重超过 80%，有的甚至超过 90%，自行车出行占总出行比重接近或超过 50%。这样的交通方式决定着城市空间组织只能是紧凑集中型的，城市人口生产生活只能集中在中心城内。单一的地面交通组织形式和高比例的非机动车出行结构导致城市中心区交通不堪重负，居住环境、生态环境恶化。

城市道路网体系、结构和布局不够完善。一是路网结构不合理，许多城市注重快速路和主干路网规划建设，而忽视了次干路和支路网的规划建设，导致城市道路网等级级配不尽合理。全省大部分城市道路网密度不到 4 公里 / 公里 ^{2}，干道网密度不到 2 公里 / 公里 ^{2}，低于国家规范要求的道路网密度 6 ～ 7 公里 / 公里 ^{2}、干道网密度 2.0 ～ 2.6 公里 / 公里 ^{2} 的标准，与国际先进城市 8 ～ 15 公里 / 公里 ^{2} 的标准差距更大。二是城市道路功能混杂，骨架道路网配置、布局与城市用地布局存在矛盾。江苏大多城市的建设活动都是在城市快速路、主干路两侧进行，许多城市干路兼有“商业性”和“交通性”的双重功能，大量住宅、办公、商业设施直接面向城市干道，加重了城市干道负担，削弱了交通功能。三是交叉口没有作渠化处理，干扰严重，通行效率极低。

江苏城市交通发展对策建议

城市交通问题是城市发展的一个重大课题，城市交通问题的解决对促进城市的可持续发展具有重要作用。在江苏城市化与机动化快速发展的进程中，要立足于全省交通的现状，研究制定出既符合城市交通发展规律，又符合省情的完整的城市交通发展政策体系。

树立现代城市交通发展理念。现代城市交通发展根本理念就是要体现“科学发展、和谐发展和可持续发展”的要求。其根本目的和目标是：满足人民群众和城市经济社会发展对交通运输的需求，适应经济全球化、市场一体化、区域城市化、出行机动化等发展态势，促进和提升城市的功能和竞争力，支持和改善城市的合理布局和优化人居环境；形成高效低耗、安全方便、经济环保的城市综合交通体系。落实现代城市交通发展理念，必须掌握当地城市交通的特征和问题所在，制定科学合理的城市交通发展战略。要根据城市发展的社会经济趋势、城市规划目标等，确定城市交通发展战略，以构筑一体化的综合交通体系为核心，明确未来城市交通发展重点和各种交通工具的发展方向，选择各种交通方式合理组合的交通模式，提出对各种交通方式的导向性政策，指导城市交通长远规划和近期建设。

统筹推进区域交通和城际交通网络规划建设。积极推进城际轨道交通建设。借鉴世界大都市区和大城市群发展的经验，根据《江苏省城镇体系规划》提出的全省城镇空间总体布局要求，结合沿江城市带、南京都市圈、苏锡常都市圈规划布局，着眼于建立以轨道交通为骨干的综合运输体系，构建江苏省沿江城际轨道交通网。配合国家铁路设施规划和长三角轨道线网规划，推进都市圈和城市带的轨道交通建设，协调好区域铁路、城际铁路线位、场站设置与城市总体布局的关系，加强对城际轨道交通线路走廊和站场设施的用地控制。根据江苏省城镇体系规划和都市圈、城市带规划的总体要求，协调好高速公路和干线公路与各城市空间布局的关系，做好城市道路与高速公路、干线公路相互衔接与过渡。

加快编制城市综合交通规划。城市综合交通规划应与城市总体规划相互反馈、协调一致，要广泛吸收部门、专家、公众等各方面的意见，处理好与其他相关规划的协调关系。各城市要抓紧编制城市综合交通规划，根据城市交通发展战略，优化城市交通结构，完善城市交通网络与设施，确定城市交通近期规划和重大项目建设计划，提出城市交通发展的措施和建议。针对各地交通特征和突出问题，各城市应提出近期，尤其是城市中心区和其他问题突出地区的交通改善方案。各城市要制定合理的建筑物停车配建标准和公共停车设施规划。

大力发展公共交通，实现公交优先。一是根据城市综合交通规划及时编制公共交通专项规划，积极推行大城市公交优先发展政策，统筹协调公共交通一体化发展，研究鼓励公交发展的具体措施。特大城市抓紧编制城市轨道交通线网规划，提前做好轨道交通线路走廊和车站用地的控制。大城市要积极引进先进的快速公交（BRT）和公交专用道建设经验。各地要做好各种交通方式的衔接，大力推动城乡公交一体化发展，引导城市公共交通服务向农村延伸。二是通过政策、技术、行政和管理等多种途径，落实公交优先发展措施。既要通过市场化改革，吸引多元化投资、调动各种积极因素发展公共交通，更要切实建立政府主导下的公交事业发展倾斜扶持政策、服务监督体系、效益保障机制。提高道路的使用效率，通过信号控制、合理限制小汽车通行等方式，使城市道路使用权向公交倾斜。力争到2010年，全省城市公交的出行比例，特大城市应不低于30%，大城市不低于20%，中小城市争取超过10%。

科学制定城市交通发展政策。首先，确立区域差别化的小汽车发展政策，因地、因时制宜，规范汽车消费行为，完善汽车在保有和使用阶段的消费政策，对私人小汽车实行自由购买、限制使用的政策引导。特大城市和大城市要积极提倡优先发展公共交通，引导市民理智地购买和使用私人小汽车。对中心区、主城区、外围新区、新城等不同区域的汽车发展和使用应区别对待，有不同的交通引导政策、不同的规划建设标准。其次，按照创建“绿色交通示范城市”的要求，逐步建立起以公共交通为主体、融个体交通为一体的多元化协调发展的综合客运体系。除了大力发展公共交通和适度发展小汽车交通之外，对步行交通、自行车交通、残疾人交通等要给予特别的重视和关怀。第三，制定相应的优惠政策和配套管理政策，积极推行停车设施产业化和民营化，鼓励各方面共同参与停车场的开发、建设和经营。第四，认真贯彻执行城市建设项目交通影响评价制度。

加快城市道路交通基础设施建设。我省各类城市在相当长一段时间要坚持将城市交通基础设施建设作为城市建设的重点，并坚持以下原则：一是解决城市交通拥堵与引导城市开发并重。要通过道路、公交、停车设施建设和加强交通管理，扩大交通基础设施容量，提高交通设施使用效率。要超前建设老城新区通道、新区框架路网和快速公交，同步建设新区内部配套交通设施，实现交通引导城市新区开发。二是优先发展城市公交与加快建设道路网框架并重，将城市公交客运走廊作为城市道路网布局规划的考虑因素之一，明确各个等级道路的公交专用道设置条件，同时改善道路横断面规划设计，进行公交优先的路权分配。三是干路建设与支路建设并重。四是动态交通设施建设与静态交通设施建设并重。五是新增扩容与挖潜改造并重。

大力开展城市道路交通综合整治。国际大城市的交通发展历程证明，城市交通需求总是大于城市交通供给，而且道路供应的增加往往诱发更多的交通需求。因此，仅仅依靠扩大道路交通供给来满足交通需求是不现实的。从某种意义上说，城市交通管理的效益比单纯的道路设施建设成效更为显著和直接。全省各类城市要充分应用现代交通工程理论和技术，强化城市道路交通管理，最大限度地挖掘和发挥道路设施的潜力。

本文原载《江苏建设》2007 年第 2 期

绵竹市灾后重建城乡规划编制工作的体会

这是时任江苏省建设厅副厅长张泉带领我们参加四川汶川灾后重建的规划设计工作并撰写的一篇文章。

四川汶川地震以后，第一阶段是抗震救灾，第二阶段就是灾后重建。灾后重建首要的任务，就是要以最快的速度编制灾后重建规划。灾后重建规划，面临许多特殊的问题，如缺少地形图等基本的条件，当地缺少技术人员的配合，重建标准难以精准地确定，重建的选址如何远离地质灾害，如何与当地群众进行沟通等等。当然，既要争分夺秒抢进度，又要严格执行城乡规划的标准和规定，还要不折不扣的贯彻各级政府的要求。

因为地震，尤其是像四川汶川这样的地震后的灾后重建规划，作为灾后重建规划的组织者和规划编制人员，很难说会有经验，包括我们也没有经验可谈，当时主要是凭工作的责任心，凭对灾区人民的爱心，凭长期在城市规划领域的工作经验，凭在当地规划实务中应变和调控能力。所以，在全面顺利完成灾后重建任务以后，认为有必要加以总结，也许可为后人参考。

【摘要】 在汶川地震灾后恢复重建过程中，国家确定绵竹市为江苏省对口支援城市。江苏省建设厅按照江苏省委、省政府的部署，迅速全面启动灾后重建城乡规划编制工作。江苏在对口支援绵竹市灾后重建城乡规划编制工作中，就规划编制工作的指导思想、基本理念、关注重点和实施保障等方面进行了深入探讨，并形成了比较适应当前重建规划的工作思路和方法。

【关键词】绵竹市；灾后重建；城乡规划编制

一、背景

1. 国家要求

国务院《汶川地震灾后恢复重建对口支援方案》中考虑支援方的经济实力和受援方的灾情程度，按照“一省帮一重灾县”的原则，确定江苏省对口支援绵竹市，期限为三年。对口支援进行建设，首先启动的就是城乡规划编制工作。

2. 绵竹概况

绵竹市位于四川盆地西北边缘，距成都市 83 公里，绵阳市 70 公里，德阳市区 30 公里（图 1）。西北与茂县连接，东南与德阳接壤，西南与什邡相邻，东北与安县毗连。绵竹市位于龙门山脉边缘区域，西北崇山峻岭、东南平畴沃野，地势西北高、东南低，由西北向东南可分为山区、沿山地区和平坝地区，辖区内河流纵横、水源充沛，素有“六山一水三分田”之称。

3. 灾害损失

据汶川 8.0 级地震等震线分布图（初步）显示（图 2），此次汶川地震中绵竹市域绝大部分面积都处于地震烈度 8 度区以上，其中平坝地区地震烈度为 8 度，沿山地区地震烈度在 9 度以上，山区地震烈度在 10 度以上、最大达到 11 度。据绵竹市统计局提供的初步资料显示，全市共 13 万多户农民住房倒塌或严重受损、城镇 6 万多户居民住房倒塌或严重受损，城镇市政公用设施、公共服务设施损失也较为严重，城市功能遭受严重破坏，地震带来的直接经济损失达 1400 多亿元，在所有受灾县市中经济损失位列第一。因此，在《汶川地震灾害范围评估报告》确定的 10 个极重灾区中，绵竹位列第三，仅次于汶川县、青川县，属灾后恢复重建国家规划范围。

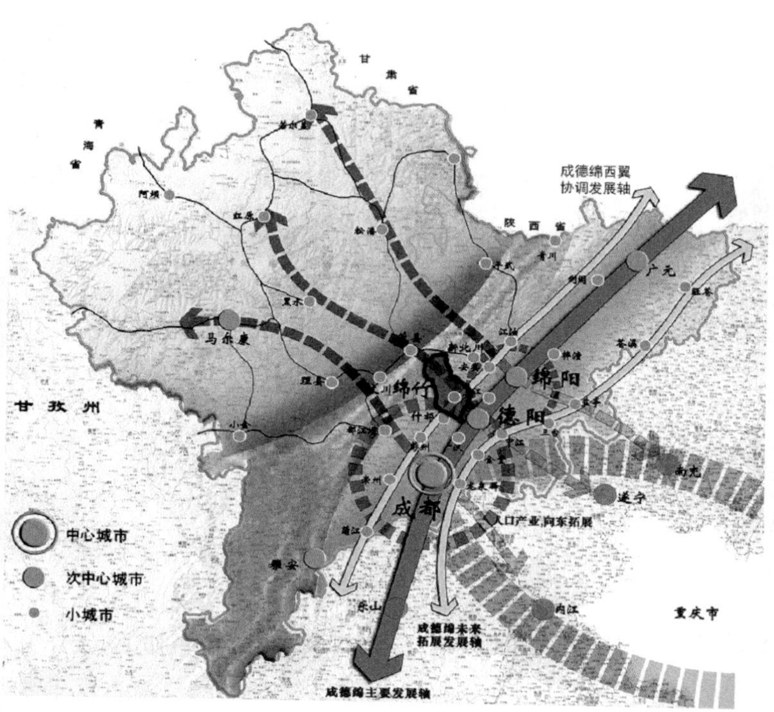

图1　绵竹市区域位置
资料来源：根据《绵竹市汶川地震灾后重建总体规划》整理。

图2　等震线分布
资料来源：汶川地震专家委员会地震烈度等震线评估组

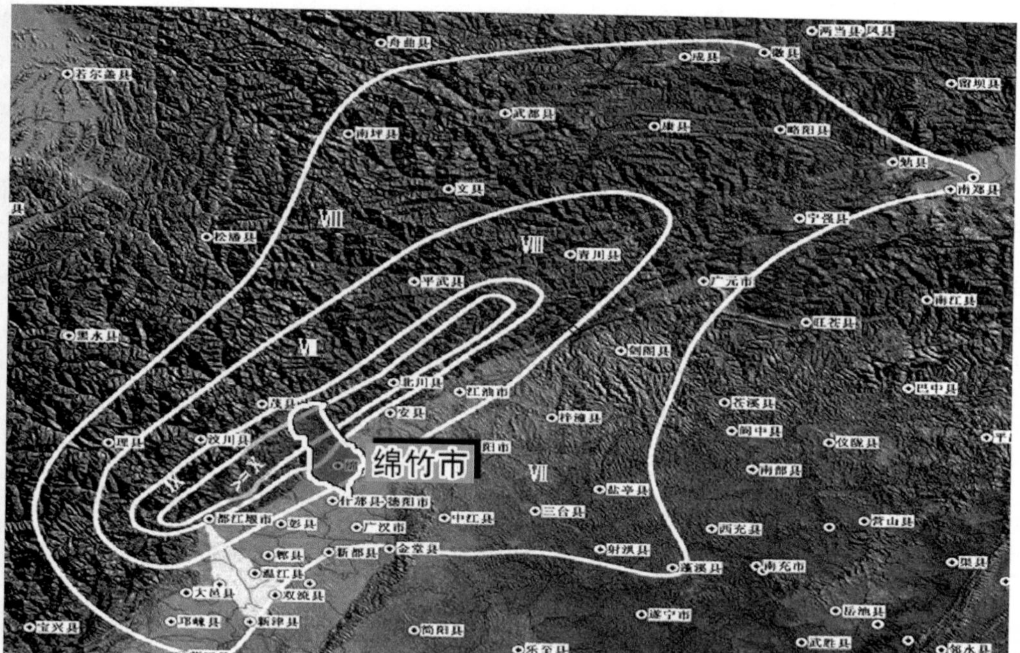

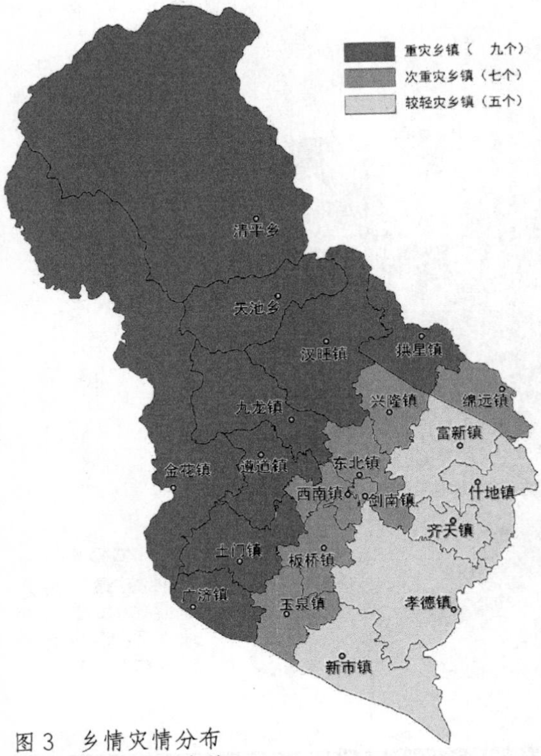

图 3　乡情灾情分布
资料来源：作者自绘

综合受灾情况，绵竹乡镇可分为重灾、次重灾害和较轻灾害三种类型，其中重灾乡镇九个，次重灾害乡镇七个，较轻灾害乡镇五个，受灾程度由平坝至沿山、山区逐渐加重。（图 3）

二、规划编制工作指导思想

1. 贯彻“三个符合”

符合科学发展观原则，就是要全面贯彻落实科学发展观，坚持以人为本、尊重科学、尊重自然。符合绵竹实际原则，就是要按照实事求是、立足当前、兼顾长远的要求，充分考虑资源环境承载能力和绵竹实际，优先恢复灾区群众的基本生活条件和公共服务设施，尽快恢复生产条件，逐步恢复生态环境。符合群众意愿原则，就是要注意与自然、历史文化遗产的保护要求相协调，体现地域、民族文化特色，反映群众意愿，方便生活，有利生产。

2. 坚持“四个结合”

坚持“硬件”与“软件”相结合，既帮助灾区修复和重建损毁的住房、公共服务设施和基础设施，又帮助加强技术指导和人才培训；坚持“输血”与“造血”相结合，在加大对灾区支援力度的同时，努力帮助灾区夯实发展基础；坚持当前与长远相结合，在科学规划基础上，优先解决受灾群众的住房等基本生活条件，优先重建和修复学校、医院等公共服务设施；坚持生产与生活相结合，在帮助解决受灾群众基本生活条件的同时，积极帮助当地恢复生产、发展经济。

三、 规划编制工作基本理念

1. 灵活应对、逐步提升

绵竹市区以外的部分乡镇和大部分村庄没有地形图，加之震后地表发生变化，震前的地形图也无法准确反映震后的地形地物，同时现状资料不全、地质资料缺乏、建筑震损为初步评估，这些都给现状调研和规划编制工作的顺利开展增加了难度。

规划编制组特事特办，深入各乡镇实地踏勘，了解建筑震损情况，并根据绵竹市地形地貌特点，以河流、道路和部分建筑等为参照物徒手绘制地形图。为把基础资料不全带来的不利影响降至最低，在规划方案编制过程中，明确最近一个时期启动的建设项目避开复杂地形、先从平坝地区起步，避开建筑集中地区、先从空地起步的基本原则。同时建议当地补测地形图、细化地质资料，以最新提供的基础资料不断调整和完善规划方案，保证最终提交规划编制成果的准确性（图 4）。

图 4　遵道镇棚花村手绘地形图与方案
资料来源：常州市规划设计院

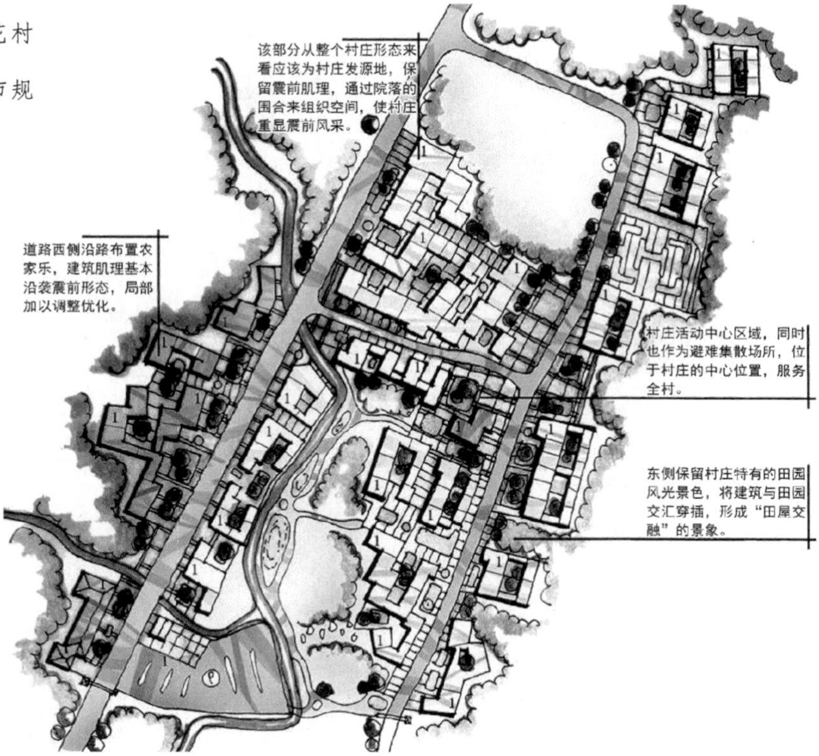

2. 因地制宜、保持特色

规划编制组认真研究当地的地形、地貌、气候特征，充分尊重当地建筑特色和原有城镇的文脉格局，因地制宜地确定规划原则。

绵竹的农村居民点较为分散，规划编制组在与当地村民充分沟通的基础上，提出以村民小组为集中居住点的规划思路。在用地安排上，充分考虑当地农民合理的耕作半径和生活习惯，尽量把生产、生活和生态空间有机结合，融入自然。在农民住宅设计上，规划编制组通过现场拍照、查阅资料，深入了解川西民居的特点，确保川西民居特色在灾后恢复重建中得以延续，传承地方文化。

此次地震中汉旺镇损失惨重，全镇农宅 70% 倒塌、17% 严重损坏，城镇居民住宅 98% 倒塌或严重损毁，镇区中心区域损毁极其严重，已不适宜继续作为城镇永久建设区域，建议作为地震遗址保护区加以保护利用。在新镇区的规划设计过程中，结合地形地貌，充分利用现状水系，形成“川流不息”的规划构思，体现了因地制宜的规划特色。（图 5）

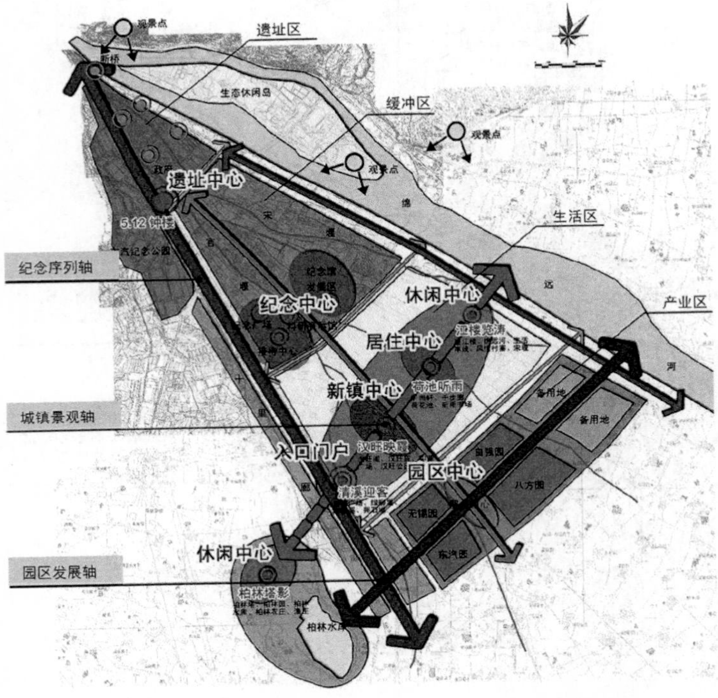

图 5　汉旺镇区设计构思
资料来源：无锡市规划设计研究院

3. 各方协同、保障安全

翔实的基础资料是确保规划选址安全的前提。震后，当地只有国家主管部门提供的较小比例尺的地质资料图，不能满足规划需求。通过江苏省国土资源厅与四川省国土资源厅沟通协商，江苏省地质勘查专家迅速随规划队伍进场，现场勘察滑坡、崩塌、泥石流、采空区塌陷、不稳定斜坡、堰塞湖等灾害隐患分布，提出评价意见，努力补充了基础资料。

相关部门的参与是保障规划选址安全的前提。对于新建设项目的选址，由绵竹市地震部门确认避开地震断裂带和地震活动断层，由绵竹市水利部门确认不受洪涝灾害威胁，由当地镇政府和村委会确认避开地下采空区。对于有滑坡、泥石流和崩塌隐患的山区和沿山地区的新项目选址，由编制组根据已有小比例尺地质灾害分布图上的标注，对新选址进行现场判断，确认选址的安全性。对山区和沿山地区的建设项目尽量分散，沿山旅游项目要避开陡峭山体。

以山区城镇金花镇为例（图 6），镇域内存在多条地震断裂带和多处地质灾害点，属于地质灾害高危区。在详细分析了已掌握的《绵竹市灾后恢复重建地质环境调研分析报告》[①]《四川省绵竹市地质灾害评估报告》[②]和《绵竹市震后地质灾害防治规划图》3 份地质资料的基础上，将 3 份地质报告标注的所有地质灾害点在同一张图上标识出来。基于原镇区周边存在较多的地质灾害点和灌县—江油地震断裂带，已不适宜继续建设。因此，规划编制组提出镇区异址新建在无地质灾害、无洪涝灾害影响，场地坡度在 15 度以内，现状建筑较少，适于建设的文河二组用地范围。

4. 急用先编、支持重建

经与绵竹市政府商定，江苏省对口援助绵竹市灾后恢复重建城乡规划编制工作的主要任务为：组织编制绵竹市区（包括剑南、东北、西南三镇，其中剑南镇为城关镇）近期建设规划，《绵竹市汶川地震灾后恢

---

① 江苏省国土资源厅编制。

② 中国地质环境监测院、中国地质调查局水文地质环境地质调查中心、中国国土资源航空物探遥感中心编制。

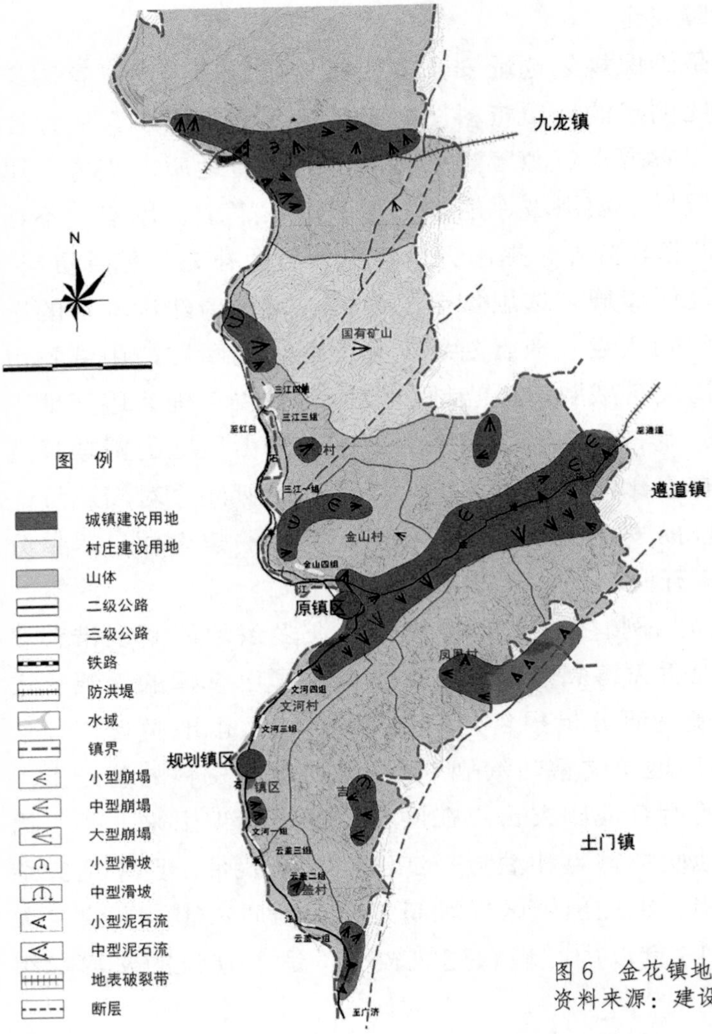

图 6　金花镇地质灾害分布及镇区选址
资料来源：建设厅城市规划技术咨询中心

复重建城镇体系规划》中保留的 18 个镇（乡）的总体规划和当地提出的 45 个农村集中居住点规划。

市区近期建设规划重点确定“3 年恢复、5 年提升”的规划内容，兼顾结合 2020 年的城市发展。镇（乡）总体规划期限至 2020 年，既包括“3 年恢复、5 年提升”的规划内容，又包括镇域村庄布点规划。45 个农村集中居住点规划中分别包含 2、3 套农民住房建设方案，合计将超过 100 套农民住房建设方案可供当地村民选择。

市区近期建设规划和镇（乡）总体规划中还初步明确了近期先行启动的江苏援助和当地自建项目，确保先行启动建设项目落地。由于有关项目仍在不断协商调整，规划编制组持续跟踪并不断更新有关内容。规划编制组在不到一个月的时间内先行完成平面布局规划方案，以满足援助项目技术准备工作需要，同时按照现行法律法规要求，抓紧编制法定规划成果，提交绵竹市政府按法定程序和权限审批。

5. 尊重民意、以人为本

根据《城乡规划法》有关公众参与的规定，规划编制工作广泛听取公众意见，充分尊重公众意愿。规划编制组深入绵竹市区、各乡镇和规划村庄了解群众的意愿和想法，获取第一手资料。尤其在村庄调研过程中，不仅与村委会、村民小组进行座谈，还深入农民家中了解人口构成和重建意愿，设计了两口之家、三口之家、五口之家等多户型建筑方案，供村民选择。

在规划编制过程中，不断将工作草图反馈至各个村庄，面对面征求村民对集中居住点规划和农房建筑方案的意见并及时修正。

6. 尊重当地、依法制定

规划编制组始终摆正位置，坚持“到位不越位”的原则，按《城乡规划法》的规定开展工作。江苏省建设厅、对口支援城市的规划局均以规划编制组的身份参与规划编制工作，主要做好工作组织和沟通、协调工作。规划编制组也特别注重与当地政府及部门沟通，充分尊重当地政府及部门的意见。规划方案过程中集中研讨了 4 次，在当地集中沟通 2 次，充分听取绵竹市四套班子、市有关部门、各镇（乡）政府、村委会、村民的意见，方案的确定以当地政府提供的正式意见为准。

以市区近期建设规划为例，设计人员在向四套班子领导和相关部门负责人汇报征求意见的基础上，又专门用两天时间与当地规划、建设、国土、地震等相关部门进行一对一的衔接，使规划更加具有科学性和可操作性，也有利于近期建设项目的顺利启动。

四、规划编制工作关注重点

1. 关注民生

此次“5·12”汶川地震，给绵竹市的城乡住房、市政基础设施、公益性公共设施造成严重的损失。因此，优先解决与受灾群众恢复正常生活密切相关的各种问题，落实住房、市政基础设施、公共服务设施的空间选址、建设计划，建立先期启动的项目库，提出规划实施的保障措施，是灾后城乡规划编制的重中之重。

规划编制组在充分摸清绵竹震后现状的基础上，把明确住房建设用地的布局、规模及城镇优先启动的经济适用房、廉租房的用地选址和建设规模；确定市域内重要基础设施的空间布局，提出道路交通、给排水、电力电信等基础设施恢复重建的目标、策略及标准，并落实先期启动项目的选址；提出公共服务设施，如教育、医疗卫生、社会福利、文化体育等的重建布局方案和建设标准，并确定先期启动项目的选址作为本次规划编制的重点。

2. 关注城镇安全

城市避灾体系建设对于此次遭受地震重大创伤的绵竹来说，显得尤为重要。规划编制组充分考虑城市疏散通道和各种避震疏散场所的规划、选址和建设。

疏散通道是灾害发生时与外界联系和城市自救的重要通道，其两侧宜各控制 10 ～ 30 米宽绿带，保证灾害发生时道路畅通。避震疏散场所宜根据人口分布及其服务半径，均匀布置，一般情况下紧急避震疏散场所由小型绿地、广场、小学等构成，服务半径 500 米左右，步行 10 分钟内到达；固定避震疏散场所由面积较大、人员容纳较多的城市公园、体育场馆、大型停车场等构成，服务半径 2 ～ 3 公里，供灾民较长时间避震疏散和进行集中性救援。

3. 关注近期建设项目选址

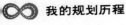

近期建设项目选址是江苏援助绵竹城乡规划的重点内容。在近期项目选址过程中兼顾以下原则，一是近期可行、远期合理，即关系民生的新建项目方便启动又与城镇的长远发展相协调；二是相对集中、节省投

资。即新建的住房、学校、医院等设施相对集中布局，使公共设施能够就近服务，同时尽量利用现状道路、管线等市政基础设施，减少先期投资。三是处理好永久性建设与临时板房间的关系。根据《四川省建设厅关于灾后重建规划的意见》城镇住房具体目标，2010 年要完成全部灾区城镇住房的恢复重建工作，因此 2009 年和 2010 年必然有居民不断地从临时板房中迁出，这部分迁空的临时板房可提前拆除，其用地可用于永久性住房的建设。

五、规划编制工作实施保障

1. 统一组织编制

江苏省组织省直单位和 20 个城市分别对应绵竹市市区和全市 20 个乡镇的灾后恢复重建工作。江苏省建设厅统一组织了 18 家具有甲、乙级资质的城市规划院承担相应的规划编制工作。对口城市没有甲、乙级规划编制单位的，由江苏省建设厅统一协调安排甲、乙级规划编制单位承担编制任务。

为了尽快开展援助项目建设，加快灾区的灾后重建，省建设厅明确了各阶段成果的提供时间。规划编制工作启动后 1 个月内完成各项规划平面方案图，为首批江苏援助项目和当地恢复重建项目选址定点提供规划依据，三个月内完成全部援助编制的城乡规划。

2. 统一技术要求

为统一各镇（乡）总体规划、农民集中居住点规划及农民住房建设方案的编制深度，江苏省建设厅专门制定了《江苏省援助绵竹市城乡规划技术指导意见》和《江苏省援助绵竹市农民住房建设技术指导意见》等技术要求，就规划的编制和成果内容做出了明确的规定，有利于在审核把关时统一标准。以上技术要求的草案，也多次征求绵竹市政府及有关部门的意见，有利于规划成果的确认与实施。

3. 统一规划图例

同步组织 18 家规划编制单位开展工作，规划图例的不一致，将容易造成混淆，尤其容易给绵竹市的城乡规划管理工作带来不便。因此，在规划方案编制之初，江苏省建设厅就组织制定了包括援助编制的绵竹市城市近期建设规划、乡镇总体规划、农村集中居住点规划图例和建筑震损评估图例的统一标准，包括对图例大小、颜色、图层等也都做出统一规定，提高了规划的整体性和统一性。

4. 统一审核把关

在援助绵竹城乡规划方案编制阶段，江苏省建设厅组织了 4 次集中研讨。其中分别在绵竹现场吸收当地政府有关主管部门人员组成临时专家组研讨、集中听取绵竹市政府和乡镇政府的意见、在江苏邀请专家并绵竹市有关部门人员进行研讨论证，提高规划方案的科学性、合理性和可行性。

在法定规划编制完成后，将提交并协助绵竹市政府组织技术论证并征求公众意见。

本文原载《城市规划》 2008 年第 11 期

（本文作者还有张泉、赵毅）

参考文献

[1] 绵竹市人民政府，中国城市规划设计研究院，绵竹市汶川地震灾后重建总体规划（2008—2010 年）（征求意见稿）. 2008。

[2] 城市抗震防灾规划标准 [S]，2007-11-01。

[3] 马东辉，郭小东，王志涛，城市抗震防灾规划标准实施指南。北京：中国建筑工业出版社，2008。

南美考察报告——彼岸的城市文明

2009年，由我带队，还有南京规划交通研究所的杨涛所长，东南大学的过秀成教授，镇江市规划局的朱富坤副局长和徐州市规划局的邱颖副局长，这是一个非常精干的考察团队。我们一行考察的主要目的地是巴西库里蒂巴，考察的主要内容是城市公共交通。但行程中也安排了与城市规划有关的历史文化保护的内容，尤其是秘鲁的库斯科和马丘比丘。

库斯科是高原城市，海拔高度3410米，有点缺氧，安第斯山王冠上的明珠，给人的记忆是世界文化和自然遗产，古印加文化的摇篮，古代城池，兵器广场，印加罗加宫等等。马丘比丘，这个因为《马丘比丘宪章》而熟悉的古城遗址，位于崇山深处，虽然已经废弃，但遗址保存完好，而其遗址文化信息，足以让今天的现代人为古人骄傲并诚服。

考察结束以后，我们很快就形成了考察报告，不仅涉及城市交通，而且涉及历史文化保护，分别在《中国建设报》和《江苏城市规划》发表。当时还有个插曲，我们考察团回来后不久，正值整顿以考察为名行出国旅游的不正之风，而且正好随机抽查到我们这个团队。当我们把行程、费用和考察报告如实汇报后，得到主管部门的高度评价，反而成了出国考察团队的正面典型，要我们团队介绍经验。

2009 年 3 月 1 ～ 10 日，由江苏省建设厅组团，建设厅城市建设与管理处处长、江苏省城市规划协会副理事长、城市交通专业委员会主任委员张鑑带队，委员会委员一行 5 人，赴南美巴西和秘鲁进行了为期 10 天的城市与交通规划业务考察。我们先后考察了巴西的圣保罗、巴西利亚、库里蒂巴，秘鲁的利马、库斯科等 5 个城市，并参观了著名的马丘比丘高原古城堡遗址。时间虽短、行程虽紧，但是，我们对这两个遥远的太平洋彼岸的 5 个主要城市有了切身的感受，对她们的城市交通、城市规划、城市建设和城市文明等进行了零距离的考察了解，留下了深刻的印象，也从中得到许多启发，对做好我们自己的工作很有借鉴帮助。在此做简要介绍，供大家分享。

一、巴、秘两国概况

巴西位于南美洲东南部，面积约850万平方公里，人口约1.8亿（2006年8月），北邻委内瑞拉、哥伦比亚，西界秘鲁、玻利维亚，南接巴拉圭、阿根廷和乌拉圭，东濒大西洋。白种人占 53.8%，黑白混血种人占 39.1%，黑种人占 6.2%，黄种人占 0.5%，印第安人占 0.4%。官方语言为葡萄牙语。73.8% 的居民信奉天主教（2000 年）。巴西幅员辽阔、人口稀疏、土地肥沃、物产丰富，国内生产总值（GDP）位居世界第 10 位（世界银行 2006 年统计），综合实力居拉美首位。2006 年巴西 GDP 为 23 228 亿雷亚尔（约合 10 670 亿美元）；人均 GDP 为 12 437 雷亚尔（约合 5 713 美元）。巴西农业发达，工业基础雄厚，服务业占 GDP 的比重达 50% 以上，经济结构接近发达国家水平。

秘鲁共和国位于南美洲西部，北靠厄瓜多尔、哥伦比亚，东临巴西，东南与玻利维亚毗连，南接智利，西濒太平洋。国土面积 128.5 万平方公里。全国总人口 2722 万人（2005 年）。96% 的居民信奉天主教。秘鲁是历史悠久的文明古国。公元 11 世纪，印第安人以库斯科城为首府，在安第斯山高原地区建立了疆域辽阔、文化独具特色的“印加帝国”。1531 年沦为西班牙殖民地。19 世纪初，秘鲁爆发了大规模的独立战争，于 1821 年 7 月 28 日宣告独立。2005 年人均 GDP2824 美元。2008 年 11 月在首都利马成功举行了 APEC 领导人峰会。

二、飞机型都市——巴西利亚

巴西利亚（Brasilia）——巴西新首都，始建于 1956 年，政府投资 100 亿雷亚尔，至 1961 年 4 月 21 日正式设市的现代化城市，位于巴西中部戈亚斯州高原上、马拉尼翁河与维尔德河汇合的三角地带。东南距里约热内卢 900 千米，南距圣保罗 865 千米。市区人口约 35 万，连周围 8 个卫星城镇的联邦区，面积 5814 平方千米，人口 186.4 万，是现代化建筑列入世界人类文化遗产的最“年轻”的一个。

巴西利亚包括新区、老区和工人“住宅区”三部分，城市的功能经过合理的组织与规划。位于人工湖半岛上风格独特的新区，以飞机造型规划建设。“机头”是由立法、司法、行政三大机构驻地组成的三权广场，是巴西总统府、联邦最高法院和国会政府首脑机关（政府各部大楼）所在地；东西向“机身”是城市的交通主轴线，是一条长约 8 千米、宽 250 米的大道；大道上有乳白色的政府大楼、教堂、国家剧院、公园、会议中心、商业中心等建筑；向南北伸展长达 16 公里的“两翼”是平坦宽阔的立体公路，沿路排列着规划整齐的居民区、商业网点、旅馆区等；“机舱”后部是运动区、文化区；“机尾”是长途汽车站和仪器加工、汽车修配等工业区；“栅尾”是为首都服务的工业和印刷出版区。巴西利亚被建成飞机形状，是为了充分展现蓬勃发展的时代精神，隐喻着巴西正在起飞——飞速朝前发展。老区最著名的建筑是位于卫星城的普拉纳尔迪纳历史中心，它是联邦区内规模最大、最古老的建筑群（图 1）。

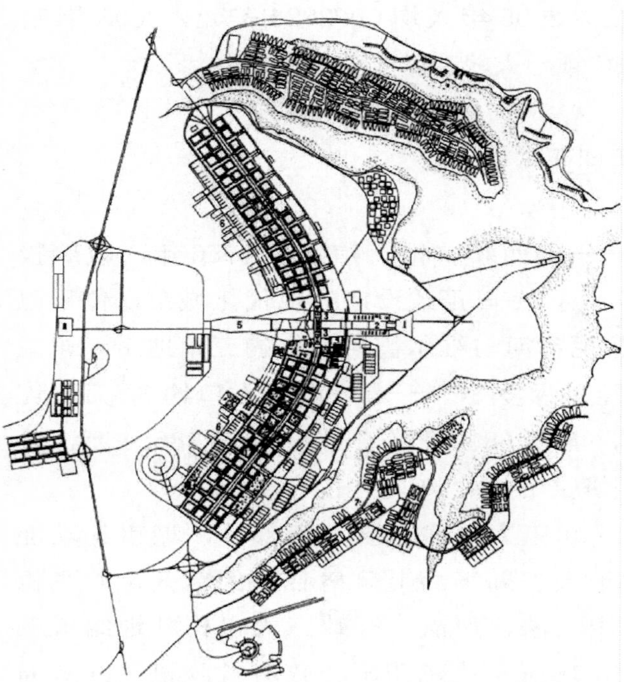

图 1　巴西利亚城市规划示意图

巴西利亚在城市道路交通规划上充分体现人车分离和高速化。东西主轴线在不同层次上形成立体交叉道口，以疏导各个方向的交通。两条轴线的交叉点宽度是其他地方的两倍以确保高效的交通管理。交叉点作为心脏的 4 层大平台，是全城重要交通枢纽，城市大部分公交线路在该处调度首发，交叉点稍西处的足球场地则作为公交车辆的停车保养场。

巴西利亚城市设计别具一格，建筑风格多姿多彩，像伊塔玛拉蒂宫、国会大厦参众两院、总统府、巴西利亚大教堂、电视塔等，集人类建筑艺术的众家之长于一身，被誉为“世界建筑艺术博物馆”。伊塔玛拉蒂宫为外交部所在地，整个大厦立身于湖水中，四壁由玻璃构成，被誉为水晶宫，水晶宫正门的湖面上一座由 5 块石头组成的变形莲花，象征着五大洲的团结。议会大厦由众参两院会议厅和超高办公楼组成。两院会议厅是扁平体，长 240 米，宽 89 米，平顶上突出一仰一覆两个碗形屋顶，上仰的是众议院会议厅，下覆的是参议院会议厅，分别象征民主和集中。总统府是一座精心设计的四层楼建筑，外部几乎全部采用玻璃结构。巴西利亚大教堂的建筑风格超群，建筑物的主要部分在地下，露出地面的是一只状若荆冠、覆盖玻璃的金属顶盖，顶盖下是悬在空中的神像，基督和圣徒们犹如身在蓝天白云中。电视塔高 218 米，是巴西利亚的最高点，登塔俯瞰，飞机型都市尽收眼底。

巴西利亚的建成，首次实现由人规划的未来城市，它是真正建立在绿地上的首都，它的规划设计体现了人的伟大创造力，也是建筑的现代精神的典范。应当指出城市的规划与社会经济制度、城市性质与功能管理建设、体制与机制有关，巴西利亚城市规划重视布局形态多于功能，强调社会公共服务属性及生态，而对经济、文化历史发展关注不够，尤其是对低收入者的就业和居住条件注意得不够。

三、高原古城——库斯科

著名的《马丘比丘宪章》是国际城市规划领域一部经典文献。作为城市规划工作者，这次我们去秘鲁访问考察，主要目的是带着朝圣的心理去参观考察马丘比丘的。然而，要去马丘比丘，首先要从首都利马乘飞机至秘鲁南部城市库斯科，再从那里坐火车去马丘比丘。也许我们都孤陋寡闻，出国前我们对库斯科这座高原城市并不了解。等我们到了库斯科一看，大家深感意外，大吃一惊。原来在浩渺遥远的太平洋彼岸，在海拔 3400 多米的安第斯山高原顶上还深藏着这样一座神秘而美丽的高原古城！置身这座高原古城，我们仿佛又一次来到了拉萨，但又意识到这不是拉萨，而是世界的另外一极！

库斯科是秘鲁的著名古城，古印加帝国首都，现为库斯科省省会，被列为世界文化遗产。“库斯科”在克丘亚语中意为“世界的中心”，位于比尔加诺塔河上游，安第斯山高原盆地，海拔 3410 米。库斯科城是灿烂的古印加文化的摇篮。据说公元 1200 年前后，国王曼科·卡帕克遵循太阳神的指示，从的的喀喀湖迁都这里，建成雄伟华丽的库斯科城，并以这里为中心，建立了庞大的印加帝国，创造了印加文化，成为南美大陆印第安文明的最高峰。1533 年西班牙殖民者入侵，将财宝文物洗劫一空，后又经几次地震和二百多年的拉锯战，城市受到很大破坏。但城内有些印加帝国时代街道、宫殿、庙宇和房屋建筑，仍留存至今。后西班牙殖民者又修建了大批屋舍，两种建筑风格融合，被誉为西班牙——印加的独特建筑方式。

城市中心是武器广场，正中耸立着一位印第安人的全身雕像，四周有西班牙式的拱廊和四座天主教堂。几条狭窄的石铺街道呈放射形通向四周，街道两旁仍矗立着用土坯建造的尖顶茅屋，其中许多石头房基还是古印加帝国的遗物。广场东北，有五间大厅的太阳庙建于高耸的金字塔顶。还有月亮神庙和星神庙。广场东南，有对峙的太阳女神大厦和蛇神殿的墙壁遗迹。广场西南方，有一较小的欢庆广场，印加人称为“库西帕塔”，是欢庆帝国军队凯旋的场所。两个广场附近有考古博物馆，展出印加帝国时期遗留的陶器、纺织品、金银器皿和雕刻碎片等。城中还有 1692 年建立的大学。距库斯科城 1.5 公里的 300 米高处，有世界闻名的举行“太阳祭”的萨克萨瓦曼圆形古堡。以古堡为起点，印加人修筑了漫长的古道，全长二三千公里，是秘鲁古代一条主要交通干线。

令我们十分惊奇的是库斯科与我国西藏的拉萨又许多相似相通之处。首先，库斯科当地人种与我们青藏高原的人种十分相像。黑头发、黑眼睛、黝黑透红而又带有点黄色的皮肤，长方形带有点上凸下圆的脸型，中等偏瘦的个头（图 2）。其次，库斯科人服饰衣着也与拉萨藏民十分相似，多彩条纹、棉布质地、长袖宽大。特别是多彩条纹棉布拎袋与我们在拉萨街头最常看到藏民们用的拎袋几乎别无二致！再有就是库斯科传统封闭的四合院民居布局与遍布拉萨老城区的四合院完全雷同。这些雷同，是地理气候雷同所致？还是人种同根、文化同源所致？我们不得而知，也许会是千古之谜。

图 2　疑似藏民？

令我们钦佩和赞叹的是库斯科的古城风貌、传统路网格局、街巷机理尺度均保护良好，道路交通组织有序，街道宁静整洁，路网密度很高，方格网状布局。道路尺度很小，除少数干道约 20 ～ 30 米之外，绝大部

步行街巷

单向通行的街巷

精整修的四合院一角

粗整修的四合院一角

图 3　库斯科老城街巷和院落

分支路街巷都只有 3 ～ 5 米宽，但通达性很好，除不足机动车通行条件的街巷作为步行专用外，大部分街巷都通机动车，但必须单向通行（图 3）。站在库斯科东南部的山坡上，可以一览无遗地看到库斯科古城的全貌，全城红瓦白墙，二三层最多四五层的民居建筑，凸现的是仅有几座天主教教堂建筑。城市布局形状据说是模仿一头美洲狮的形状（图 4）。

图 4　库斯科城全貌

四、丢失的故城——马丘比丘

马丘比丘（Machu Picchu），秘鲁南部古印加帝国的古城废墟，是秘鲁最著名的游览胜地，也是联合国教科文组织批准的人类文化遗产。“马丘比丘”在印加语中意为“古老的山巅”。马丘比丘位于古印加帝国首都库斯科城西北 112 公里的高原上，四周丛山峻岭环抱。古城两侧为 600 米深的悬崖峭壁，下临湍急的乌鲁班巴河，面积 13 平方公里，海拔 2280 米，据估计建于四五百年前。西班牙人入侵美洲大陆后，古城被舍弃，由于山高路陡，丛林密盖，一直未被发现。到 1911 年，才被美国耶鲁大学南美历史学教授海勒・宾加曼发现。古城街道狭窄，但排列整齐有序。宫殿、寺院与平台宏伟壮观，还有作坊、堡垒等，它们多用巨石砌成，大小石块对缝严密，甚至连一片刀片都插不进去。巍峨的金字塔上有由处女管理的太阳神庙。有些贵族住宅的墙壁上遗留有呈

图 5　神秘而美丽的马丘比丘

长方形或三角形的窗户；台阶倚山铺砌，高广、整齐；还有石砌蓄水池，引山泉流入供饮用。这里发掘出的日晷，显示了古印加帝国高度的文化水平。考古学家还在这里发掘出成千具印加人的残骸和头盖骨，每具男性遗骸周围呈辐射状埋葬着 10 具女性遗骸。废墟石壁上刻有许多尚未为人知的符号和标记（图 5）。

从古印加帝国首都库斯科到马丘比丘大约 120 公里。我们先坐旅游车走一个半小时山路，到达一个叫作乌鲁班巴的小城。再坐一个半小时的山区米轨火车，才到达马丘比丘。一路上，安第斯高原盆地的旖旎风光赏心悦目、尽收眼底。而乘坐往返三小时的山区米轨火车也别有收获（图 6）。

这条米轨铁路选线是典型的山溪线，沿着乌鲁班巴河一侧布线。乌鲁班巴河水流湍急，两岸悬崖峭壁，植被茂盛。沿途高山峻岭、苍松翠柏，

图 6　米轨铁路上的别样旅途

蓝天白云、溪流淙淙。火车平均时速约 40 公里 / 时，尽管是高原山区，但火车运行相当平稳。火车外观呈湛蓝色，造型朴素大方，车厢内部并不拥挤，而且十分整洁。车厢乘务员是一位靓女、一位帅哥。他们既是乘务员，又是时装模特演员，还是推销员。他们表演了印加民族舞蹈和秘鲁时装秀。这让游客体验到一种新鲜的服务和享受。

本文原载《江苏城市规划》 2009 年第 4 期

（本文作者还有杨涛、过秀成、朱富坤、邱颖）

沪宁城际铁路沿线环境整治规划编制工作的体会

上海世博会于2010年5月1日至10月31日在上海举办并取得了圆满成功，备受世界关注。而在上海世博会举办期间的7月1日，中国经济最发达地区的上海（沪）至南京（宁）之间的沪宁城际铁路正式开通运行，这也是中国第一条城际铁路。这条城际铁路的开通运行，不仅有效地缓解了上海至南京之间的交通问题，而且向世界全面展示了上海至南京之间城乡建设的面貌。

在上海世博会即将举办前的2009年底，一位中央领导乘火车路经沪宁铁路，发现沿线的景观脏乱差，要求配合上海世博会的举办，集中整治沪宁铁路沿线的景观。但铁路沿线环境的整治是个新课题，既涉及城市区域，又涉及农村区域，还涉及铁路的管辖范围；既有近景，又有远景，还有一些特殊空间；既涉及省辖市，又涉及县（市），还涉及市辖区。为了在极其紧迫的时间内，统一要求，统一标准，按时、高质量、高标准地完成沪宁铁路沿线景观的整治工作，首要的任务就是要编制一个统一的整治规划。因为没有既定的编制办法，所以必须制定一个《沪宁铁路沿线环境整治规划编制导则》，本文就是介绍这个导则的编制过程和内容。

【提要】本文通过沪宁城际铁路沿线环境整治规划编制工作的实践，总结了铁路沿线环境整治的若干体会，希望能为其他铁路沿线的整治工作提供参考与借鉴。

【关键词】铁路环境整治、规划编制导则

今年7月1日建成通车的沪宁城际铁路沿线，形成了连续的绿色生态廊道和良好的视觉景观环境，展现了江苏经济发达、生态优良的形象，得到了社会各界的高度评价。

在5个多月的沪宁城际铁路沿线环境整治过程中，依据《沪宁城际铁路沿线环境整治规划》，共完成绿化面积64679亩，栽植各类树木600多万株，拆违拆旧95.31万平方米，房屋改造出新1472.2万平方米，从而取得了今天的成效。

在沪宁城际铁路沿线环境整治实践中，也有许多体会，现归纳总结如下。

一、充分认识环境整治的重要性

一般而言，铁路沿线的环境较差，这是因为铁路沿线空间相对独立偏僻，不少地段成为管理的盲区。沿线出现断墙残壁、集聚废品收购场所、垃圾污水管理薄弱、绿化品种比较单一、物件材料乱堆乱放等情况屡见不鲜。

但是，沪宁城际铁路设计时速超过300公里，是世界上速度最快、标准最高的铁路，其沿线的景观环境也应创造一流；沪宁城际铁路是长三角地区构建沪宁杭一小时都市圈的重要铁路通道，其沿线景观应该有其地域特色；沪宁城际铁路7月1日正式开通到10月31日期间，也是服务上海世博会时间，其沿线景观应该展示江苏现代化建设风貌和区域人文的美好形象；沪宁城际铁路是在科学发展、生态低碳的时代背景下建成的，其沿线景观应该体现绿色铁路、绿色江苏的形象。由此，整治沿线环境非常必要和迫切。

二、统筹制定环境整治的规划

本次沪宁城际铁路沿线环境整治的原则是“统一规划、统筹实施、分工负责、按期完成”，其首要任务就是铁路沿线的城市要制定统一的、科学的、务实的、可操作的规划。

但是，铁路沿线环境整治的规划应该怎么编制却没有现成的规范，制定《沪宁城际铁路沿线环境整治规划编制导则》就成为当务之急。按照解决现状存在问题、达到整治预定目标；重点关注近期、适当兼顾长远的原则，我们很快研究制定了《沪宁城际铁路沿线环境整治规划编制导则》。

《沪宁城际铁路沿线环境整治规划编制导则》包括整治的目的、整治的工作思路、整治的范围、整治的总体要求、整治的原则、整治的主要措施、整治规划方案编制成果要求和时间进度等八个方面，以此统一沪宁城际铁路沿线环境整治规划编制和整治工作。

三、合理划定环境整治的范围

沪宁城际铁路的一部分相对独立，另一部分与既有沪宁铁路、正在建设中的京沪高速铁路并线。所以，不能仅仅考虑沪宁城际铁路沿线的环境整治，而应将沪宁城际铁路、既有沪宁铁路和正在建设中的京沪高速铁路一并统筹整治。

沪宁城际铁路与既有沪宁铁路不一样，全线有三分之二是高路堤，甚至是桥面，必须充分考虑高路堤上乘客的视觉环境。由此，本次沪宁城际铁路沿线的环境整治工作必须统筹包括沪宁城际铁路、既有沪宁铁路和京沪高铁在内的沿线及其两侧一定的纵深范围，具体划分为三个层次：

第一个层次为铁路用地红线内；

第二个层次为铁路红线外侧至少 100 米范围以内，沿线重要地段、节点区域可适当放大；

第三个层次为铁路红线外侧旅客视野所及范围 500 米或 1000 米以内（可视范围）。

四、合理确定环境整治的原则

沪宁城际铁路沿线的环境整治工作时间紧、任务重、要求高，为了达到既好又快的效果，整治方案编制和整治工作应遵循以下四个原则：

1. 远近兼顾环境协调

处理好旅客视线的远近关系，重点整治近距离即铁路红线外侧至少 100 米范围以内的环境，统筹兼顾远距离即铁路红线外侧旅客视野所及范围 500 米或 1000 米左右的环境协调。

2. 总体谋划区别对待

整体考虑“两线”路堤与桥面沿线环境，区别对待，整治重点为路堤段沿线环境，兼顾桥面段沿线的环境（沪宁城际铁路江苏段共约 269 公里长，其中约 67% 为桥面，其铁路路基相对高度在 10 ～ 17 米，33% 为路堤式铁路）。

3. 主次分明突出重点

区分“两线”沿线环境重点整治段与一般整治段，侧重于“两线”进出站区 5 公里左右，以及“两线”经过的城郊接合部的沿线环境整治，兼顾沿线紧邻农村环境综合整治。

4. 高标准可操作低成本

在充分调查研究的基础上，协调好环境整治各要素的相互关系，以影响环境景观质量提升的要素为主，以建（构）筑物拆、改、新建为辅。

五、科学确定环境整治的要求

根据整治确定的三个范围及其与铁路的远近距离和视觉关系，明确不同的整治要求。

1. 铁路用地红线内

拆除违章建筑和破旧建筑，既有建筑及围墙出新，垃圾污水清理，物料堆放整齐，绿化亮化美化等。

2. 铁路红线外侧至少 100 米范围以内

全面达到“六无一有”标准，即：无违法私搭乱建的建（构）筑物及其附属物、无破旧建筑及残墙断壁、无乱堆物料、无暴露垃圾渣土及“白色污染”、无违法及破旧广告牌匾、无河塘漂浮物；有绿化隔离带或隔离墙。

3. 铁路红线外侧旅客视野所及范围500米或1000米以内

因地制宜地对“一村三网一囱”即沿线村庄、农田林网、道路网、河湖水系网、企业烟囱进行综合治理，从地面以及一定高度的两个视角都达到“村绿、山青、整洁、路畅、水秀、无黑烟”的标准。村庄应按照我省新农村建设统一要求进行环境整治。

六、切实制定环境整治的措施

根据铁路沿线的实地情况、存在问题和预期目标，提出采取以下六大措施：

1. 拆

铁路用地红线内以及铁路红线外侧至少100米以内，以拆违法建设和破旧的各类建（构）筑物为主，包括集中清理“两线”沿线违法建设，拆除沿线两侧除铁路设施以外的有碍景观的违章、废弃建筑物、构筑物，对已到期或影响沿线景观容貌的临时建筑实施拆除；对沿线破旧棚圈、围墙、圈舍管理房、影响环境的旧机库、旧库房等进行拆除。

2. 整

铁路用地红线内以及铁路红线外侧至少100米以内，对建（构）筑物及其附着物实施整饰出新。整饰或洗刷沿线陈旧建筑立面；对部分残缺建筑，或补修门窗、阳台，或添加檐口、女儿墙。清除沿线违章设置的各类横幅、广告、乱贴乱画，规范户外广告、门店招牌等。根据需要适度在城区和站区增设夜景照明设施，实施重点建筑物（公共建筑物和高层建筑）、主要节点的亮化工程，为游客增添一道美丽的夜景。

对铁路红线外侧旅客视野所及范围500米或1000米范围内的建筑实施整饰出新。对于保留建（构）筑物和围墙，按照城镇建筑风貌和建筑色彩的要求，进行统一改造和整治。

3. 绿

因地制宜布置绿化，将平地绿化、坡地绿化和垂直绿化同地形地貌密切结合，通过新建绿地、拆墙透绿、拆违还绿、见缝插绿、垂直挂绿等多种途径提高绿化面积、密度和质量，丰富植物配置，提升绿化品位。

铁路用地红线内规范、统一种植护坡草坪、修建隔离护栏和绿篱为主，丰富绿化层次。

铁路红线外侧至少 100 米范围以内，以种植开花灌木和常绿高大乔木为主，并与林业管理部门的有关规划相协调。注重“两线”进出站区 5 公里左右，以及“两线”经过的城郊接合部的沿线绿化，使之成为功能完善、景色优美的绿色长廊。

铁路红线外侧旅客视野所及范围 500 米或 1000 米，要做好农田林网、荒山荒坡、河湖水系、道路网以及城市和村镇的绿化、美化，充分利用村庄房前屋后及道路两侧空闲地种树、种花，美化绿化沿线环境，对裸露地、闲置地、拆除违章后的地段进行植树绿化。在保证铁路运行安全的前提下，使改造后的“两线”沿线整体绿化效果色彩鲜明，起伏有致，富有江苏特色。

4. 清

清理铁路用地红线内外的生活垃圾、残土堆、乱堆乱放的物料等。铁路红线外侧至少 100 米以内，按需增设市容环卫公共设施，按照规划在铁路沿线村庄和棚户区增设生活垃圾收集站，建设公厕。沿线居住区改造应结合巷道铺设排水管道，就近接入城市市政管网，沿线污水沟清理后加盖格栅。沿线建筑工地必须采取防治扬尘污染的措施，落实文明施工要求，做到“施工文明化、运输密闭化、进出水槽化、物料覆盖化、场地砼硬化”。加强铁路沿线的道路清扫保洁和洒水防尘工作。推广适合本地特点的秸秆综合利用技术，防止沿线焚烧农作物秸秆和进行其他烧荒行为。杜绝可视范围内企业烟囱冒黑烟、排污水现象。

5. 遮

在保证铁路运输安全基础上，通过设置实体墙遮挡沿线不良景观，设置透空墙和围栏确保内外景观渗透，在暂时无法拆迁又不具备绿化条件的居民集中地段，修建隔离墙或遮掩墙，加高和新砌部分住户院墙和圈舍院墙，设置隔音墙减少噪音对沿线居民的影响。

6. 管

应做到责任明确，齐抓共管。落实沿线各单位保洁管理责任，政府管理部门要落实监管责任。在此基础上，建立长效管理机制，做到长期保持，力争打造成我省铁路风景长廊。

各地依据《沪宁城际铁路沿线环境整治规划编制导则》制定了相对统一的整治规划，为高质量地完成环境整治工作奠定了坚实的基础。

本文原载《中国铁路》2010 年第 10 期

（本文作者还有王华成）

基于低碳模式的城市综合交通规划理念

长期以来，交通问题一直是人们关注的一个重大问题，甚至是人们关注的一个热点问题。自从有人和物的集散，就有交通的需求和由交通带来的问题。随着城市的扩展，人口的集聚，交通工具的发展，城市交通问题也就越来越复杂，人们也就不得不越来越关注交通问题并试图寻求越来越科学合理的方法和路径解决交通问题。

所谓解决交通问题，也许就是两大内涵。第一就是以最快速度并以最舒适的感受，让人们达到集聚和疏散的目的。第二就是要以最低能源消耗的交通工具和运营方式来完成上述需求。基于这样的前提，我们不仅要探讨城市的用地的布局，路网的结构，人口分布；还要探讨城市交通工具的选择，交通运营模式的选择；更应该探讨在其中起决定作用的人的交通理念，这是最为关键的一个方面。

【摘要】在科学发展的大背景下，城市交通面临着资源环境的约束，必须进行低碳模式的转型，充分考虑节约资源能源和保护环境的要求。本文结合江苏省的实际，提出建立基于低碳模式，以“占地少、能耗低、污染小、管理精、秩序好”为特征的城市综合交通规划理念，引导城市综合交通规划编制并付诸实施，从根本上解决城市交通问题。

【关键词】 城市交通；低碳；规划

2009年哥本哈根气候变化大会之后，碳排放成为中国人关心的话题。

在哥本哈根，中国政府向世界承诺：到2020年，单位GDP的碳排放下降40%～45%。由此，全球气候变化的挑战、国际金融危机的冲击、经济高速发展带来的一系列问题，使得中国转变经济发展方式刻不容缓，也使得低碳经济、低碳文明作为新的发展路径，加快融入中国经济社会的现实图景。在这样的宏观背景下，如何在城市交通领域体现低碳发展的要求，是需要我们认真思考的课题。

一、低碳是城市交通的必然选择

中国的城市处在快速发展阶段，城市交通不断发展变化，在较为稳定的阶段到来之前，我们有机会改善城市交通的结构，充分发挥城市交通的低碳潜力。江苏省处于经济发达地区，城市化水平较高，较早面临城市交通出现的各种问题，从城市交通领域突破资源环境瓶颈的需求也极为迫切，应当率先推行低碳模式的城市交通。

1. 环境资源的压力

我国从总体上来说是一个资源短缺的国家，不仅表现为重要资源的人均占有量短缺，还表现出严重的结构性短缺。例如人均耕地面积仅相当于世界平均水平的1/3，人均森林面积不足1/6，人均草原面积不足1/2，人均矿产资源也只有1/2（资料出处：中国人口网）。发达国家走过的“先污染后治理、牺牲环境换取经济增长”，注重“末端治理”的环保老路，在我国行不通，也走不起。

江苏是全国人口密度最大的省份，以占全国1%的土地，养活了全国6%的人口，创造了全国12%的产值。改革开放以来，江苏保持着快于全国的发展速度，工业化、城市化和经济国际化的水平不断提升，同时江苏经济发展的环境压力与日俱增。因此，江苏省作为经济大省、人口大省，同时又是资源小省，在局部面临着比全国更加尖锐的资源环境矛盾，如果不转变发展模式，将面临巨大的环境风险。

2. 城市化及城市发展的转型

经过改革开放30年的发展，江苏省人均GDP超过5700美元，城市化率达到了55.6%，总体上处于工业化中后期。苏南发达地区已进入工业化后期，产业结构、所有制结构、区域结构和增长动力都发生很大变化。从城市化方面看，正在实现五个转型：一是从“数量赶超”转向“质量提升”的目标转型，二是从“高速推进”转向“稳步增长”的速度转型，三是从“外延扩张”转向“内涵发展”的路径转型，四是从“行政推动”为主转向“政府引导、市场推动”为主的机制转型，五是从“中心城市优先”转向“城市集群化”的空间战略转型。

城市化和城市发展的转型，进而要求发展城市交通在保障经济社会发展和人居环境的前提下，坚持资源节约、环境友好等理念，促进城镇布局有效集聚，城乡集约发展，实现节约资源和能源、节省时间和投资，提高效率，减少对生态环境的负面影响。

3. 提升城市承载力对交通的要求

近年来，江苏省机动车特别是小汽车拥有量迅猛增长，虽然远未达到顶峰，但是处于小汽车高增长与道路扩容空间日趋缩小的矛盾激化期，不少大中城市面临巨大的城市交通压力，不同程度出现了行车难、停车难、出行难问题。2000 年到 2009 年，江苏省机动车总量年均增长 18%，其中民用汽车总量增长了 6 倍，私人汽车总量增长了 20 倍，年均增长 35%，远远高于其他车辆的增长速度。2009 年末，全省城镇居民每百户拥有家用汽车 12 辆，相当于 26 个人拥有 1 辆车。目前全球范围内的汽车拥有率为：平均每 8 个人拥有一辆车，在美国则高达平均每 1.5 个人就拥有一辆车。一方面是需求猛增，另一方面是城市交通供给受到资源条件的严格限制——在满足城市其他功能用地的情况下，人均道路用地只能维持在 12 ～ 15 平方米，城市道路交通设施供给的增长空间已经不大。如果按照世界平均标准的汽车拥有率和目前的汽车能耗、尾气排放水平发展下去，城市的空间资源和环境将不堪重负，城市交通拥堵有继续加剧趋势，成为制约城市承载力提高的瓶颈。

二、城市交通的低碳模式

从城市的角度出发，所有关于城市发展的政策应当是一个完整的系统和体系。城市规划的内容实际上已经涵盖了城市发展的所有方面，它们相互交织在一起。因此，城市规划基本的内容应当是城市其他各项政策的起点和最终归结。充分发挥城市规划引导和控制城市发展和建设的作用，系统地推进低碳模式的城市交通，可以说是抓住了要点所在。从城市规划的综合视角出发，低碳模式的城市交通应当综合以下五个方面取得最优的效果：占地少、能耗低、污染小、管理精、秩序好。

1. 占地少

城市交通产生于城市用地，又归于城市用地。城市用地之间社会生活、生产活动的运转，居住、工作、游憩三大活动之间的联系产生了交通活动，需要一个交通系统去担负这个任务。城市交通系统决定于各种城市用地之间动态的关系，体现了城市的动态功能关系。缓解城市交通拥堵并不是单纯地扩大道路供给面积。实践已经证明，道路增加的速度永远追不上小汽车的增加速度。另外，交通发展中节约意识亟待加强，土地的节约、集约利用程度亟待提高，运输效率的改进还有很大的空间。因此，推进低碳交通，应该以合理分配空间资源，提高空间资源利用率为重点。

2. 能耗低

大力发展低能耗交通方式，是低碳交通的另一个重点。从城市内部看，城市能源消耗主要在城市产业（主要是工业）、城市交通、城市建筑等方面。交通对能源消耗和排放的影响程度越来越大。2005 年我国机动车尾气排放在城市大气污染中的分担率达到 79%左右，城市交通的燃油消耗占到了全国燃油消费总量的 17.2%，其中私人机动车占城市交通燃油消耗 64.9%。（资料来源：《中国低碳生态城市发展报告》主报告，中国城市出版社，2009.8。）

从表 1 可以看出，小汽车的单位能源消耗在各种交通方式中是最大的，而轻轨、地铁、有轨电车等交通工具的单位能源消耗却很小，几乎只相当于小汽车的 6% 左右，公共汽车（单车）能源消耗也只相当于小汽车的 10% 左右。改善城市交通结构，提高资源使用效率的潜力巨大。

表 1　各种城市交通方式的能源消耗比较

交通方式	步行	自行车	小汽车	摩托车	轨道交通	快速公交	常规公交
能源消耗（以常规公交为 1）	0	0	8.1	5.6	0.4	0.2	1

3. 污染小

对环境影响小是低碳交通的直接贡献。环保总局的一项报告说，在中国的大雾天气中，汽油造成的污染占79%。全世界空气污染最严重的20个城市中，就有16个在中国。汽车尾气排放的污染物正在使蓝天变少，使人们的呼吸不再那么自如。总体而言，公共汽（电）车、有轨电车、地铁、轻轨等公共交通比小汽车、摩托车等交通方式更节能、环保。在小汽车拥有量远未达到顶峰之前，我们可以大力发展公共交通，引导机动化的方向以公共交通为主导发展。在现有的排放水平下，小汽车交通向公共交通转移的比例提高百分之一，CO_2 排放减少约 0.9%（见表 2），减少碳排放的潜力相当大。

表 2　各种城市交通方式的污染物排放比较

交通方式	步行	自行车	小汽车	摩托车	轨道交通	快速公交	常规公交
污染排放 NOx（以常规公交为 1）	0	0	4.4	0.5	0.1	0.2	1
污染排放 CO_2（以常规公交为 1）	0	0	7.1	3.1	0.4	0.2	1

4. 管理精

规划、建设、管理三大环节，对于发展低碳交通均可做出巨大贡献。其中精细化、智能化的交通管理，发展空间广阔。2006 年法国巴黎大区空气质量监测所公布的一项监测结果显示，法国首都巴黎的交通污染在过去 5 年间减少了 32%，其中 26%得益于汽车工业技术的提高，6%得益于交通管理的加强。北京应对 2008 年奥运会和国庆庆典，道路管制时间长、交通管理覆盖面积大为历史之最，分区进行交通管理，以现代化智能交通管理为重要支撑，交通疏导以秒计时、以米计量。上海 2010 年世博会，以世博园区为核心，将全市划分为交通引导区、缓冲区、管控区三个圈层，在不同圈层实施不同的交通管理措施，并通过智能交通技术的应用，建成了世博会交通信息服务保障系统。

5. 秩序好

城市交通秩序好似一扇窗口，窥视着城市的文明，反映交通参与者文明程度。交通秩序好坏，直接体现资源环境的利用效率，从根源上有规划、建设、管理的原因，更有市民素质、交通安全和法制意识等原因。大量的交通拥堵是由于行驶中并线、遇前方拥堵逆向超车、乱穿马路等不文明行为引发的交通事故造成的。良好的交通秩序，应当是行人、自行车、机动车各行其道，行车和停车畅达、有序。江苏省每隔几年就会开展城市道路交通综合整治活动，通过综合整治，改善城市交通秩序，提高道路通行效率，缓解交通拥堵，营造安全畅通、和谐文明的城市道路交通环境。

三、城市综合交通规划的低碳导向

近年来，江苏省积极贯彻落实国家“优先发展公共交通”战略，运用“公共交通引导城市发展”（TOD）理念，指导各城市依据城市总体规划制定城市综合交通规划。各级政府先后出台了一系列政策措施，确定了大力发展公共汽车、稳步发展轨道交通、推广应用大运量快速公交系统的公共交通发展思路。大力推进低碳模式的城市交通，是江苏省开展新一轮城市综合交通规划的核心任务。“占地少、能耗低、污染小、管理精、秩序好”的目标，要在制定和实施城市综合交通规划的各个层面体现。

1. 坚持支撑发展、引领布局、促进转型的城市综合交通战略导向

城市综合交通规划作为城市规划的重要组成部分，相对于交通工程、市政专项的规划，具有综合集成地上地下空间、用地、设施、政策等各个方面要素的强大优势，对于政府及有关部门制定城市发展战略能够产生重大影响，因此，在制定城市综合交通规划时要重视对战略导向的研究。

在城市发展的战略导向上，强化城市综合交通支撑城市发展、引领城市布局、促进城市转型的引导。支撑发展，就是构建完善的综合交通体系，支撑城市化和城市快速发展；引领布局，就是以大运量公共交通为骨干，引领城市空间拓展和用地布局优化；促进转型，就是以大力发展低碳城市交通为抓手，促进城市可持续发展。

2. 树立基于低碳模式的现代化城市交通的目标导向

要树立“公共交通＋慢行交通”为主体的城市交通方式结构目标。特大城市建立以公共交通为主体的客运方式结构，发展轨道交通和快速公交，区域差别化调控小汽车使用；大城市建立以公交和慢行交通为主体的客运方式结构，适度发展小汽车交通；中小城市建立以慢行交通为主体的客运方式结构。

制定城市综合交通规划，要量化或细化“占地少、能耗低、污染小、管理精、秩序好”等目标，明确基于低碳模式的现代化城市交通的目标体系。占地少，可以通过合理选用区域交通线位资源、集约复合利用交通空间、充分发挥地下和立体空间资源等方式实现。能耗低，可以通过推行合理的土地混合利用、优化各种交通出行结构、大力推进交通节能、控制交通能耗等方式实现。污染小，可以通过推行“慢行交通＋公共交通”为主体、小汽车适度发展等方式实现。管理精、秩序好，可以通过完善体制机制、推进技术进步、加强协同管理、宣传教育等方式实现。

3. 推行公交引导发展的公交优先模式

科学配置和利用交通资源，特大城市和大城市建立以公共交通为导向的城市发展和土地配置模式。区域宏观层面，优先发展轨道交通和水运，适度发展公路交通运输，引导城镇空间集聚，促进交通节能减排。城市中观层面，以轨道交通等快速公交为骨架，以常规公交接驳为辅，与城市中心体系相结合，构建轨道交通导向的城市空间结构。加快公交网络建设，形成公交枢纽为节点、大运量公交系统为骨架、其他公交方式为补充的城市公共交通网络新格局。微观层面，轨道交通站点地区核心圈层以公共广场、商业和服务设施等形成站区中心，将集中大量人流的城市功能集中在步行距离以及外围支线公交服务范围之内。

继续加大交通基础设施建设力度，同时改善基础设施的结构，进一步提高公共交通基础设施的数量和质量，使市民能够比较自由地选择交通运输方式，为市民提供高质量的公交服务。保持对轨道交通投入的倾斜性增长，交通投资优先安排落实轨道交通和综合客运枢纽等公共交通建设项目，鼓励社会资本进入轨道交通建设和运营领域。

4. 积极倡导建设慢行交通系统

目前江苏省大多数城市的交通系统仍然都是单一的路面交通系统。大城市主导交通方式依然是步行、自行车、地面公交；中小城市主导交通方式是步行、自行车、摩托车。在城市交通出行方式中，慢行交通占到60%～70%，特别是中小城市，有的占到80%以上。慢行交通出行方式贴近自然，不消耗能源，不产生污染，为广大市民所接受，是中小城市最应提倡的绿色交通方式，是大城市和特大城市应当充分保障的交通方式。

对于非机动出行方式，在制定交通政策和规划建设工作中应予以高度重视。对于步行交通，应当平衡产居关系，控制出行距离，强化中心区步行系统，结合公交站点建设步行网络，建设必要的人行过街设施，创造园林化步行交通环境。对于自行车，应当通过优化用地布局控制出行距离，保障自行车的平等路权，建设必要的下穿式过街通道，创造园林化自行车通行环境。有条件的城市和地区，可以专门制定慢行交通系统规划，建设城市或地区慢行网络通道。

5. 大力推进立体交通规划建设

规划综合交通枢纽，提升周边地区功能。要结合铁路大规模建设，超前规划城市铁路综合客运枢纽，综合安排枢纽及周边土地利用和交通组织，实现多种交通方式有机衔接，节约城市土地、空间和其他公共资源。将城市综合交通枢纽的功能布局与城市的功能布局相结合，以铁路客运站为基础统一规划综合客运枢纽，促使其周边地区逐步发展成为城市重要的功能区。

加强地下空间综合利用规划，提高土地使用效率。特大城市、大城市要挖掘地下交通的潜力，结合轨道交通、人防工程，编制地下空间综合利用规划。要研究交通设施、基础设施、防灾设施、商业服务设施、文化娱乐设施、仓储设施等各项功能对地下空间的需求，统一规划、合理利用。结合地铁建设、旧城改造、新区开发建设大型城市地下综合体，提高土地集约化利用水平，解决城市交通和环境等问题。

加强城市停车设施的规划建设。特大城市、大城市应加强以大容量公共交通为核心的交通枢纽建设，完善配套的停车设施，方便其他交通方式与公共交通的换乘。在城市中心区，要充分利用地下空间资源，推动立体化停车设施的建设和管理。在城市中心区外围，要结合公共交通系统和大（中）型交通枢纽建设，大力发展停车换乘系统。鼓励使用可靠性好的立体停车设备。大力推广停车场自动收费技术和停车诱导技术。

四、小结

将低碳模式的城市综合交通规划理念贯穿于城市综合交通规划制定和实施的各个环节，是在城乡规划领域贯彻落实科学发展观的现实需要，也是未来实现科学发展和可持续发展的必然要求。城市综合交通规划、建设、管理是政策性、技术性很强的综合复杂的工作，需要按照低碳模式创新理念、方法和制度，建立低碳模式的城市综合交通规划体系，从根本上解决城市交通问题。

本文原载《江苏城市规划》2011 年第 1 期
（本文作者还有王兴海）

参考文献

[1] 中国城市科学研究会主编 .《中国低碳生态城市发展报告》主报告 . 中国城市出版社，2009。
[2] 张泉，等 . 城市停车设施规划 . 中国建筑工业出版社，2009。
[3] 张泉，等 . 公交优先 . 中国建筑工业出版社，2010。
[4] 仇保兴 . 中国城市交通发展展望——在第 13 届智能交通世界大会上的发言 . 城市交通，2006 年第 4 卷第 6 期。
[5] 仇保兴 . 中国城市交通模式的正确选择 . 城市交通，2008 年第 6 卷第 2 期。
[6] 张鑑，杨涛，谷荣 . 我省城市交通问题及发展对策，2006。
[7] 陆锡明，王祥 . 国际大都市交通发展战略 . 国外城市规划，2001 年第 5 期。

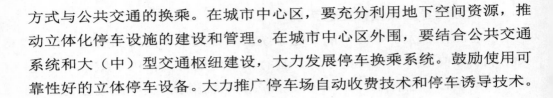

关于阿合奇县城规划建设用地选址的思考

我省对口援助的新疆克孜勒苏柯尔克孜自治州，有一个县叫阿合奇县，“阿合奇”在柯语中的意思是“白色的芨芨草”，这说明那是一个高寒地带的山区牧业县。县域的中间有一条河，叫托什干河，“托什干”在柯语中的意思是“兔子”，这说明河流坡降很大，水流在满是卵石的河床中跳跃下行，像兔子一样。在河流两侧的山区就是牧区，河流的两岸散落着居民点，阿合奇县城就在托什干河边上。

我第一次到阿合奇县城时，当地政府领导告诉我，河道南边的县城发展用地不足，已经考虑跨河发展并已经由新疆的一家规划设计单位编制完成规划。凭借长期从事城市规划工作的直觉，首先的疑问是原有县城为什么选在用地狭小的南岸，当时为什么不选在目前规划的用地相对宽阔的河北？带着这样的疑问，我开始进行多方面的研究，初步的判断是现有河南的县城没有地质灾害，而河北的新区存在泥石流等地质灾害的可能。我第二次到阿合奇县城时，经过实地考察，更加肯定了我的初步判断。为此，我建议当地政府对新区用地作地质灾害评估，结果进一步证实了我的预判。根据地质灾害评估结果，对原有河北的新区规划做了相应的调整，预留了泄洪通道，避免了潜在的地质灾害。据说，这也是克州历史上，第一次就规划建设做地质灾害评估，开创了一个先例。

【内容提要】新疆克州素有“万山之州”之称，克州的阿合奇县地处帕米尔高原，在这样特殊的地理地质条件下，规划用地的选择特别困难。本文以阿合奇县城规划为例，通过对规划建设用地地质灾害的分析和地质灾害危险性评估，阐述规划用地安全的重要性。

【关键词】规划用地，地质灾害，危险性评估

新疆克孜勒苏柯尔克孜自治州(以下简称“克州”)90%的面积是山地，有“万山之州”之称，其地形地貌与江苏有着很大的差别。阿合奇县地处克州东北部，位于新疆维吾尔自治区西部天山南脉腹地，属高寒山区，全境东西长198公里，南北宽132公里，国土面积1.68万平方公里。县境海拔在1730～5958米，全境均属山间河谷地带，北部为阔克夏勒岭，南部为喀拉铁克山，中部为东西向贯穿全县的托什干河谷，全县呈两山夹一谷的特殊地貌，有“九山半水半分田”之称。

阿合奇县，历史上就是柯尔克孜游牧民族居住的空间，在山地之间，既有水源、又可以作为城镇建设的河谷用地十分珍贵，全县4万多人口，其居住空间和生产活动主要分布在托什干河两侧的河谷地带。

十年援疆，规划为先，援助阿合奇县修编县城总体规划，是援建工作的重要内容之一。在规划建设用地选址的过程中，由于阿合奇县县城用地条件的特殊性，引发了许多思考。

一、阿合奇县老县城选址的合理性

阿合奇县古为尉头(Oy-too)国。1940年8月，阿合奇从乌什析出，1944年1月升格为阿合奇县。现有的阿合奇县城始建于40年代末期，位于托什干河的南侧，属水之阴，且在喀拉铁克山的北侧，从一般意义上来讲，其选址似乎不合常理，但仔细分析却是合理的。

首先，在托什干河谷地带，这是一块不可多得的相对开阔的平地，可以建设的用地大约有5平方公里。在托什干河谷地带寻找一块水源充足，有一定面积，又相对安全的建设用地实属不易。

其次，这块谷地南侧的喀拉铁克山坡度较陡，汇水面积较小，没有

图 1

冲沟，遭受洪水灾害的可能性较小。这在素有万山之州的范围内，就是一块难得的平安之地了。

第三，在严重干旱缺雨的南疆，山体和戈壁没有植被，一旦下雨全部形成径流，导致泥石流灾害是常事。而这块谷地南侧的山体岩石坚硬，风化程度低，形成泥石流等自然灾害的可能性较小。

第四，由于岩体相对坚硬，不易受到河水冲刷，河岸用地相对稳定，用地及其建筑物较为安全。同时，建筑地基承载力强，便于建筑，节省建筑成本（如图 1）。

二、新增县城建设用地的必要性

阿合奇县城现状建设用地面积 3.3 平方公里，现状户籍人口 1.1 万人，常住人口 1.6 万人，按常住人口计算，人均建设用地 206 平方米。

阿合奇县城是地震高烈度地区，八度设防，人均建设用地相对较高。在用地选址上，靠山临水的用地，要留有足够的安全空间，在山坡冲沟附近也要留出足够的安全通道。

按照县城总体规划，到2030年县城人口将达到4.0万人，人均规划建设用地按照150平方米控制，规划建设用地将达到6.0平方公里，托什干河的南侧现有老县城周边的可用地已经不能满足县城发展的需求，必须考虑另行选择发展用地。

三、新增县城建设用地的地质灾害分析

由于托什干河北侧的老县城周边已经没有足够的发展用地，县城东西两侧都有冲沟，存在泥石流等潜在的地质灾害，不能作为规划建设用地。在这样特定的场地条件下，县城只能跨河发展。

首先，托什干河的北侧，属水之阳，在阔克夏勒岭南坡，面水朝阳，是理想的建设用地。

其次，坡度相对平缓，一般都在10度以下，局部在10～15度，就坡度而言是可以作为城市建设用地的，而且随坡就势可以体现城市特色。（如图2）

其三，就地质条件而言，不属冲积扇，地基承载力也较好，也是适宜的建设用地。为此，曾经有规划方案将建设用地布置成带状的（如图3）。

但是，仔细分析这一区域用地条件，发现存在严重的地质灾害的危险。

首先，这一区域地势平坦，汇水面积大，一旦遇有大雨，就有可能形成大面积汇水，造成洪灾。

其次，因严重缺雨，山体裸露没有植被，风化严重，质地疏松，一旦遇有汇水，极易形成泥石流，冲毁山脚建筑物和构筑物。事实上，从卫星遥感图上明显看出存在若干条既有冲沟（如图4）。

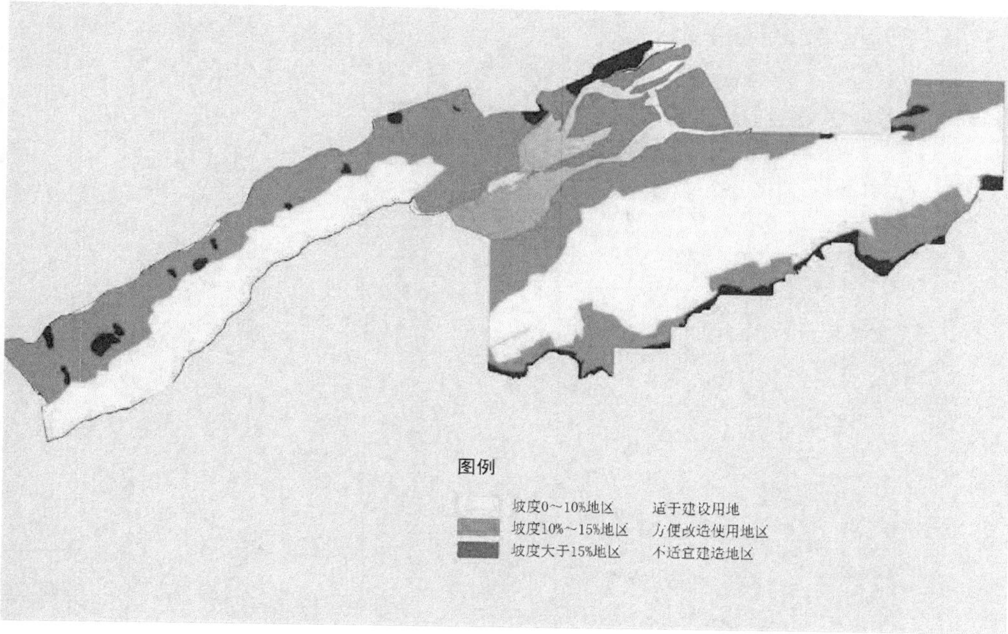
图例
坡度0～10%地区 适于建设用地
坡度10%～15%地区 方便改造使用地区
坡度大于15%地区 不适宜建造地区

图 2

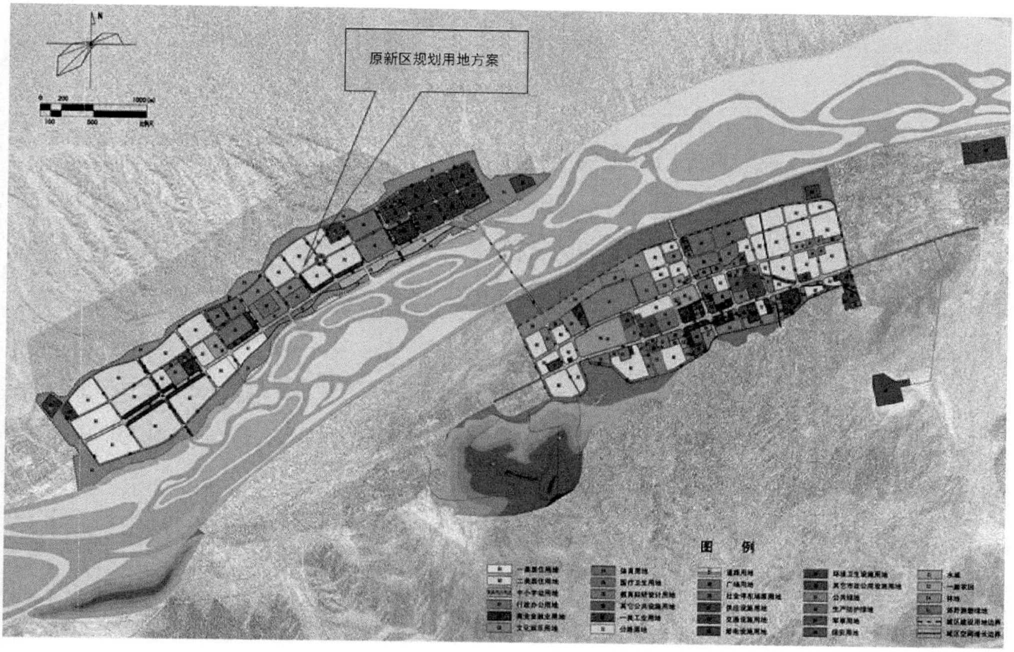
N
原新区规划用地方案
图 例

图 3

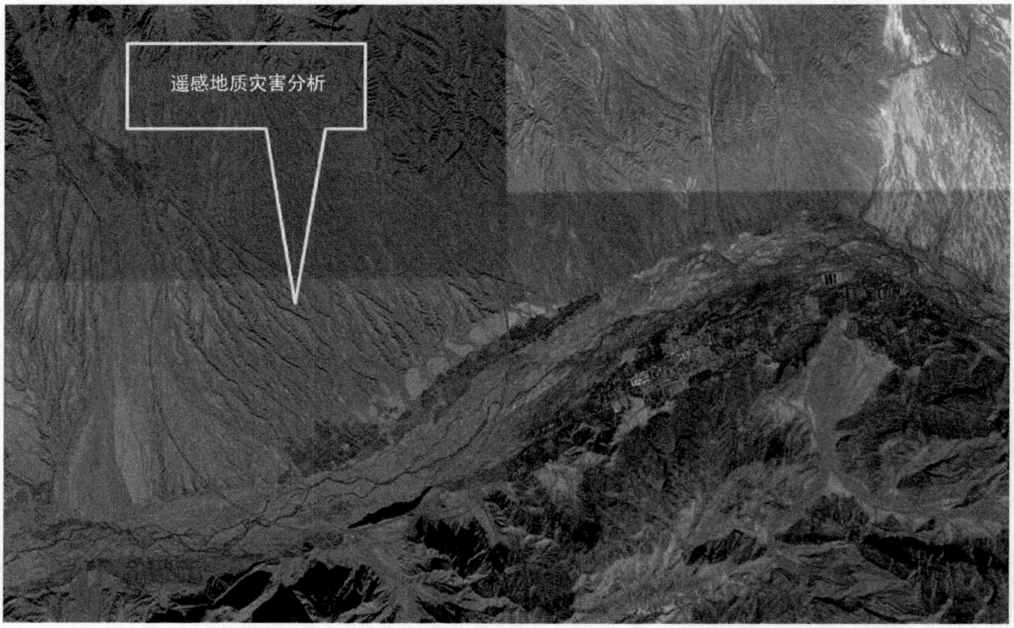

图 4

四、地质灾害危险性评估结果

基于新增规划建设用地条件的特殊性，必须进行地质灾害危险性评估。经江苏省地质调查研究院和新疆维吾尔自治区地质环境检测院的联合评估，结果如下：

在县城新增规划建设用地的区域，对 19.5 平方公里的范围进行评估，地质灾害危险性中等的 A 区为 5.7 平方公里，占 30%；地质灾害危险性小的 B 区为 13.8 平方公里，占 70%。

建设用地的适宜性分区为：A 区遭受泥石流、河岸坍塌灾害的危险性中等，工程建设场地适宜性为基本适宜；B 区遭受地质灾害危险性的可能性小，工程建设场地适宜性为适宜（如图 5）。

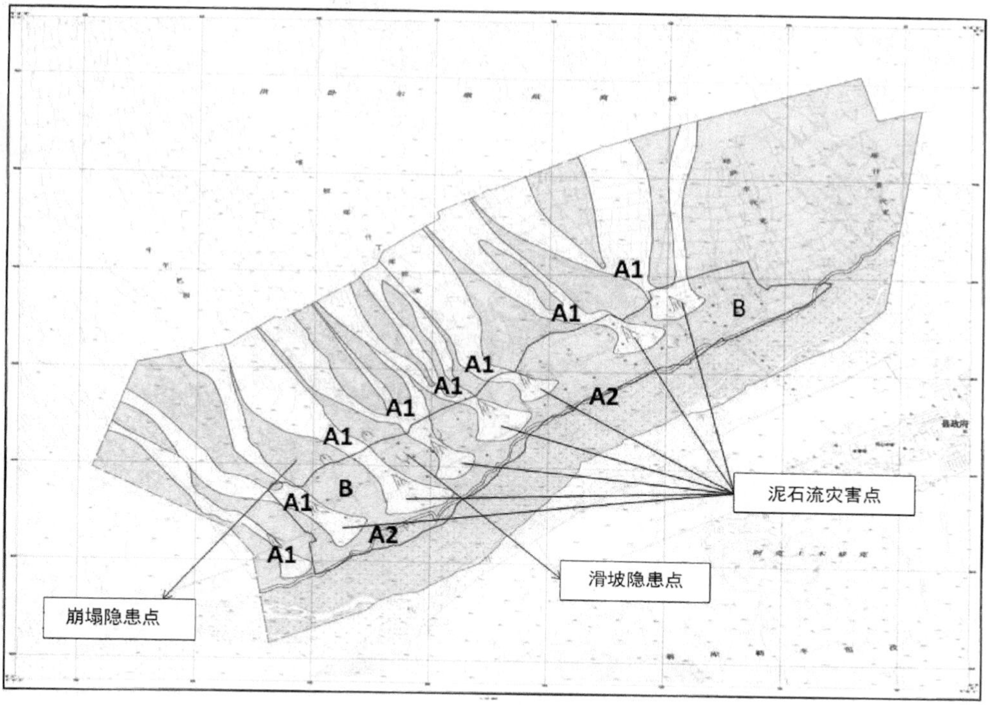

图 5　新疆维吾尔自治区阿合奇县牙郎奇新城规划区地质灾害分布及危险性综合分区评估图

五、防止地质灾害危害的规划措施

根据地质灾害危险性评估结果和建设用地的适宜性分区，为了防止地质灾害的发生，应采取相应的规划措施。

首先，根据现有的汇水冲沟状况，因势利导，将带状布局的建设用地改为组团式布局，为汇水径流提供若干通道。

其次，在冲沟两侧，采用较为宽松的用地策略，为汇水提供足够的空间，辅以绿化植树，保持水土，减少冲刷。

其三，将建设用地尽可能地布置在 10 度以下的坡地上，避免利用大坡度用地的挖方，减少引发崩坍、滑坡、泥石流、滑坡的可能性。

第四，如果要利用 A 区用地，必须采取必要的工程措施，有利排水，避免冲刷，以保证建筑物和构筑物的安全（如图 6）。

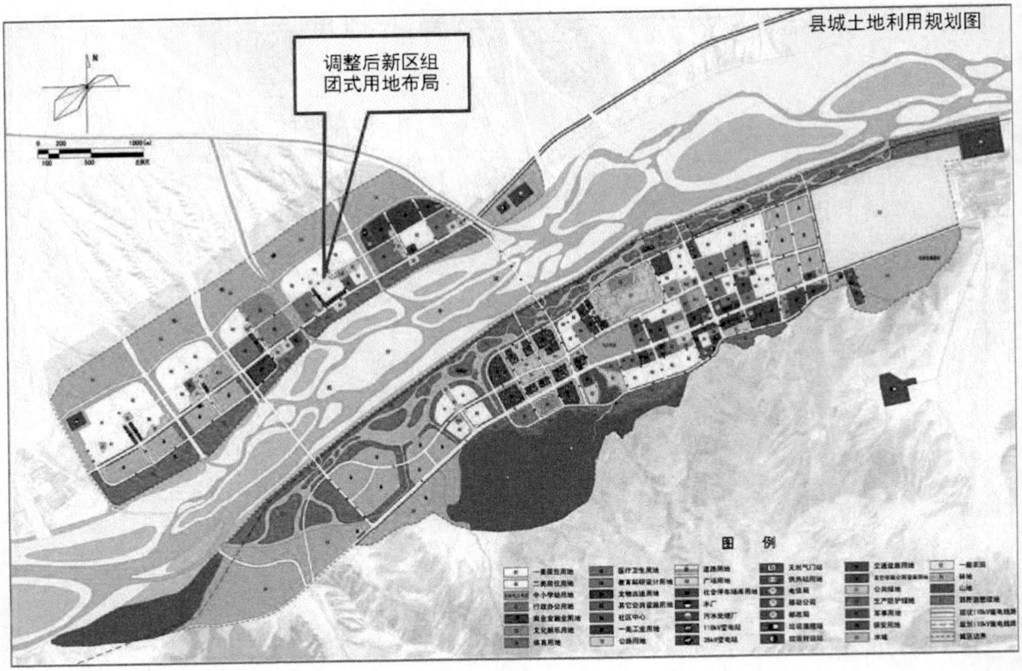

图 6

结论：通过这一规划案例，不仅让作者深刻体会到城市规划安全的重要性，而且让作者深刻体会到因地制宜因势利导的必要性，更让作者深刻体会到城市规划工作者责任心的重要性。

本文原载《江苏城市规划》2011 年第 8 期
（本文作者还有汪先良）

关于克州实现跨越发展的思考

2010年10月底，我刚到克州的时候，时任州委书记闫汾新同志问我，你是搞规划的，你来了，你认为克州应该做点什么？据我了解，克州当时的规划工作基本上是一片空白。为此，我就建议，首先可以编制一个《克州发展战略规划》，分析克州的发展机遇，理清克州的发展目标，统一克州的发展思路，为在十年援疆的过程中，实现克州的跨越式发展和长治久安进行全面谋划。其次，继续编制县（市）总体规划、乡镇规划和居民点规划。闫汾新书记欣然同意，所以，很快就开始组织编制《克州发展战略规划》。

在《克州发展战略规划》成果的论证会上，闫汾新书记对规划成果给予了充分的肯定，认为这是克州建州近60年历史上，第一次编制发展战略规划，填补了克州历史上规划编制工作的空白。在克州历史上，第一次通过编制发展战略规划，全面分析克州的发展优势和面临的困难，制定克州的发展思路和战略目标，明确克州的发展路径和实施措施。从此，规划工作在克州得到高度的重视，为克州依法编制规划，依法审批规划，依法实施规划起到了很好的引领作用，也有力地推动了克州其他的规划编制工作。为了进一步宣传《克州发展战略规划》的内容，我应邀在《克州政研》发表本文。

2010年，中央提出推进新疆跨越式发展和长治久安两大战略任务，地处祖国边陲、扼边境要塞的战略重州——克孜勒苏柯尔克孜自治州迎来了前所未有的战略机遇。机遇稍纵即逝，挑战也在所难免。在新的发展背景下，以高起点的战略定位、整体的战略部署、脚踏实地的行动推进克州实现跨越式发展和长治久安，将是新时期克州发展的战略选择。

一、发展环境的转变赋予克州发展新机遇

克州地处祖国西部边疆，对克州的过去的认知可以用16个字概括："人口小州、经济弱州、边防大州、战略重州"。然而，随着周边环境和国家大的政策方针的转变，克州面临着新的发展机遇。首先是占据主动的跨国之间的合作。过去、现在和未来克州都是一个边防大洲、战略重州，然而克州的作用不仅仅在于此，它同时赋予了克州在中国向西开放中的战略地位。随着中亚国家的对外开放程度的不断加强，给克州发展外向型经济创造了前所未有的机遇。2010年5月中央新疆工作会议，对推进新疆跨越式发展和长治久安做出全面部署，提出特殊支持政策，设立喀什特殊经济开发区，其中在乌恰将规划建设喀什经济开发区克州园区，为克州向西开发开放提供了重要的窗口。同时，区域性重大基础设施建设步伐加快，其中中吉乌铁路线位基本确定，有望开工建设，中吉乌石油天然气管线线位基本确定，中巴铁路、中塔铁路等开始形成建设意向，若干条经口岸到相邻国家的边境公路改造提升建设；华能集团、广西水利水电集团等相继到克州开发水电资源。这些重大基础设施的建设必将为克州的工业化、城市化提供重要支撑。随着国家对新疆发展的高度重视，克州的口岸优势、资源优势必将逐步显现，将成为实现克州跨越式发展的重要抓手。

二、高起点的战略定位引领克州实现新跨越

"头枕天山、脚踏昆仑"，特殊的地理环境塑造了克州人的豪迈气概。"统一思想不争论，着眼发展朝前看…"，高起点谋划克州未来发展，构建克州未来发展图景，将促进克州持续协调发展。随着发展环境的转变，克州在区域中的作用将重新定位，克州也将逐步承担起"南疆开放

门户、能源保障通道、柯族文化源地”的独特功能，成为克州走向世界、凸显特色的重要保障。

发挥口岸优势，建成南疆开放门户。长期以来，克州承担了我国最西部的国家安全战略屏障的作用，担负着守边戍边的重任，在新疆和国家的发展与稳定中占有特殊重要的战略地位。今后的发展重点是如何将边疆优势转换成对外开放的优势，充分利用国家政策的支持，发挥口岸在对外开放中的作用。南疆三地州经济发展基础相对薄弱，是中央和新疆扶持发展的特殊地区。克州作为南疆地区扼守西部边境的战略屏障，也是南疆地区“东联西出”实现经济跨越式发展的重要通道。随着南疆地区开发开放进程的加快，克州所辖伊尔克斯坦口岸、吐尔尕特口岸两大国家一类口岸的战略地位日渐凸显，必将成为服务南疆地区实现跨越式发展的重要门户。

外引内联，打造能源保障通道。从外部来看，中亚、西亚、南亚地区是国际上能源、资源最为丰富的地区之一，也是国际财团介入较多的地区，从保障国内能源供给安全、有效利用国际资源的战略出发，加强克州参与中亚、西亚、南亚地区的能源与资源开发，加快建设相应的能源与资源运输通道，具有较强的战略意义。克州的区位优势、口岸优势、跨境交通优势作用的发挥，将使克州有条件担当起作为中国西部能源与资源保障通道的重要角色。从南疆地区来看，随着重大交通基础设施的逐步建成，有利于南疆的地州联合构建综合交通运输体系，服务于南疆地区矿产资源、能源资源的开发，同时成为引进外部能源资源、矿产资源的重要通道。

挖掘特色，打造柯族文化源地。柯尔克孜族特殊的高原生产生活环境，源远流长的爱国守边、团结勇敢的民族精神和光荣传统，形成了柯尔克孜族独特的、丰富的民族文化，并已形成具有一定国际影响力的民族文化标识，“玛纳斯之乡”“猎鹰之乡”“库姆孜之乡”等赋予了克州深厚的历史文化底蕴。克州作为我国唯一的柯尔克孜族自治州也担负着保护和发扬柯尔克孜族优秀文化的历史责任，并将成为彰显柯尔克孜民族文化的传承地。柯族文化的独特性赋予了克州发展特色文化产业的优越基础，这种文化的独特性将吸引越来越多的人了解克州，富裕克州长远发展新的内涵。

三、整体战略部署促进克州实现新突破

克州志在成为中国西部边陲明珠、幸福家园，对跨越式发展和长治久安的不懈追求需要解放思想、抓住机遇、放大优势，系统推进“产业突破、空间统筹、设施支撑、生态稳固、特色营造、民生保障”六大战略的实施，促进“富裕之州、人文之州、祥和之州、安定之州、开放之州”五个克州目标的实现，确保在2020年实现全面建设小康社会目标要求，2030年前构筑克州基本现代化的坚实基础。

产业突破战略。克州产业基础薄弱，产业突破的重点是如何将资源优势转化为经济优势。从产业的发展方向来看，核心是实现“口岸带动、资源转换、集聚发展”，将克州建成为南疆区域性出口加工商贸物流基地、重要的戈壁产业示范区、南疆地区特色旅游服务基地。“口岸带动”重点是依托两大国家一类口岸优势，积极开展资源深加工产品和面向中亚的机械制造、家电组装等产业发展，拓展产业发展空间，同时积极承接适合本地发展的东部产业转移；“资源转换”的重点是突出发展戈壁产业、矿产资源加工业、能源产业，延伸产业链，把本地资源优势迅速转变为经济优势；“集聚发展”重点表现为推进阿图什到乌恰100公里产业带建设，推进喀什特殊经济开发区克州园区、阿图什重工业园区、轻工业园区、乌恰工业园区、康苏重工业园区等重点产业园区建设，同时以资源整合为着力点，推进各县市优势资源开发，延伸产业链，促进经济发展水平提升。克州目前的发展基础相对薄弱，在国家、援助省份的帮助下，克州近期仍处于夯实发展基础的起步阶段，中期随着基础设施的完善、技术水平的提升将进入经济起飞阶段，远期重点实现经济发展更高水平上的优化提升。

空间统筹战略。通过引导集聚、引导就业、引导提升来促进人口发展，通过创造充足的就业来引导人口向城镇、农牧民安居点集聚。克州总人口2030年达到75万人，城镇化水平达到63%，在未来20年内有约18万农牧民从乡村转移到城镇生活。从空间上来看，克州生态环境脆弱，

应该突出城镇和工业建设空间的投入产出效应，防止蔓延发展对生态环境的破坏。因此，在建设空间的规划和利用上强调集聚发展、节约利用，重点打造环喀什经济圈，将阿图什培育成为喀什经济圈的重要中心城市，与喀什形成一体化发展格局，共同成为南疆的经济文化中心。而环喀什周边地区的城镇，包括乌恰、阿克陶县城及一些重点乡镇，将抓住喀什建设国家特殊经济开发区的机遇，提升城镇功能，壮大城镇规模。阿合奇将以县城为核心，有效组织全县资源，充分挖掘柯尔克孜族民族文化特色，形成宜居城市，走特色城镇化之路。

设施支撑战略。在克州走向跨越式发展过程中，毫无疑问将加快工业化、城市化进程。而工业化、城市化的加快离不开交通、通讯、给排水等重大基础设施的支撑。交通运输上将依托国家运输大通道，发挥交通设施对城镇空间布局、产业空间集聚的引导作用，加强与周边地区的设施对接，构建区域协调、内达外畅、覆盖城乡的综合运输网络。重点推进吐和高速阿图什－阿克苏段、喀伊高速公路的建设，积极促进中吉乌铁路、中巴铁路的规划建设，重点建设南疆铁路阿图什站和阿克陶站、中吉乌铁路吐尔尕特口岸站、中巴铁路喀热开其克乡站，打造公铁联运枢纽和公路集散枢纽；同时与喀什协调，构建支撑环喀什经济圈发展的交通体系。市政设施遵循“适度超前、支撑发展”的原则，合理调蓄和分配水资源，保障用水，电力设施适度超前规划，适时建设，重点是开发水能资源，燃气设施重在保障民生，改善环境，共同支撑快速工业化、城镇化发展要求。

生态稳固战略。克州有7.26万平方公里，其中山地面积占90%以上，有“万山之州”之称，且干旱少雨，植被覆盖率低，土地荒漠化、水土流失较为严重，沙尘暴常常威胁城乡居民生产生活，不合理的开发建设行为容易诱发次生灾害。克州在走向跨越发展道路过程中，生态环境的稳固是工业化、城镇化的重要基础。实施生态稳固战略，核心是要为跨越发展提供长期的、可持续的支撑。生态建设的策略体现在3个方面：一是通过合理的生态分区、差别引导，有效处理好发展与保护的关系；二是修复戈壁、防沙治沙，适度改变传统的耕作方式、放牧方式，以及资源的开发利用方式，保护现有胡杨林、红柳滩植被，逐步构建克州的沙漠化防护体系；三是保护生态基底、培育生物多样性，为物种繁殖提供必要的场所条件，保障生态平衡。在州域空间上构建“三带四廊”的生态安全格局，其中“三带”为“高山生物多样性保育带、山前戈壁荒漠化防治带、平原地区沙漠化防控带”“四廊”为“托什干河生态连通廊道、恰克马克河生态连通廊道、克孜勒苏河生态连通廊道、盖孜河生态连通廊道”。

特色营造战略。克州最大的优势是柯尔克孜族文化资源的优势和天然高山冰雪风光优势。发掘并放大克州特有的民族文化特色、地域景观特色、风土人文特色，不断提升克州的对外品牌影响力和美誉度，促进人文资源、自然资源向旅游资源转化，将使克州成为民族风情浓郁、地域特色鲜明的人文之州。首先要“培育品牌，延伸价值”。核心是培育《玛纳斯》国际文化旅游节、猎鹰文化推介会、阿图什无花果旅游节等民族文化活动品牌；提高慕士塔格景区、克州冰川公园、阿图什天门、玉其塔什草原等的知名度和接待服务质量；加强丝绸之路历史文化资源的宣传和开发合作，与周边地州统筹打造丝绸之路精品游线，使丝绸之路历史文化品牌成为克州发展的新名片。同时强调特色塑造体现“以游搞活，整合提升”，将克州建设成为以民俗历史文化体验、草原生态旅游、高原探险旅游等为主要功能的国际旅游目的地，中西亚跨境旅游中转站。

民生保障战略。克州的跨越发展的核心不是片面强调“发展”，不是希望能在全疆经济发展中占多大的份额，核心是“富民安居”，让克州百姓能够共享跨越发展的成果。总体思路是优先实现医疗、教育等基本公共设施城乡服务水平的均等化，根据城镇发展空间结构有序推进建设层次分明的公共服务体系，以进一步提高城乡居民生活水平。创造条件，逐步构建以基本社会保障、就业扶持、保障性安居房为重点的城乡一体化社会保障体系。农牧民的发展重点实现三个转变：一是生活方式转变，通过就业扶持、教育扶持、保障扶持，引导农牧民向城镇和定居点集聚；二是居住转变，推进安居工程，结合农房改造、游牧民定居、扶贫开发移民迁建、重大工程建设搬迁等工程，切实推进安居工程，让农牧民住有所居；三是转变谋生方式，通过“三业一出，进厂进城”，实现富民安居。通过发展特色林果业、设施农业、种植业等，扩大农牧民就业渠道，加大技能培训力度，促进农牧民从传统农牧业向现代农牧业转型，实现就地富民。通过劳务输出，实现异地就业富民。同时，与援疆省市建立长期的培训交流机制，把克州干部及各方面的技术人员定期送到对口省市培训，为克州发展提供人力资源保障。

我们坚信，在州委州政府领导下，在克州各族人民的努力下，在中央和有关兄弟省市的援助支持下，克州各族干部群众将进一步解放思想，正视现实差距不气馁，转变观念谋发展。通过不断开拓创新，以对外开放为方向，以服务南疆、打造西部能源资源战略通道为重点，必将把克州建设成为我国西部边陲的一颗耀眼明珠，克州的明天会将会更美好！

本文原载《克州政研》2011 年 8 月 25 日第 24 期

（本文作者还有徐海贤）

十年援疆，规划先行

援疆伊始，最重要的事情就是编制好科学的规划，为十年援疆描绘美好的蓝图。首先是十年援疆的《综合规划》，不仅要明确援疆的战略目标，而且要明确援疆的主要内容，还要确定援疆的具体项目。在此基础上，迫切需要完善克州的城乡规划体系，援助编制《克州发展战略规划》，修编我省对口援助的3个县（市）总体规划，包括《阿图什市城市总体规划》《乌恰县总体规划》和《阿合奇县总体规划》，编制有关镇（乡）的规划。在此基础上，编制与我省援建项目相关的“安居富民”和“定居兴牧”集中点的规划，为具体的建设提供依据。

经过一年多的努力，基本上形成克州的城乡规划体系，也正在这个时候，新疆维吾尔自治区党委和政府提出要实现城乡规划的全覆盖，我们超前做的规划编制工作正好符合新疆维吾尔自治区党委和政府的要求。为了进一步宣传城乡规划工作，普及城乡规划知识，规范城乡规划编制工作，加强城乡规划管理，我应邀在《克州政研》发表了本文。随后，《克孜勒苏报》又转载了这篇文章。

2010年5月17日至19日，中央新疆工作座谈会在北京召开，这标志着新一轮全国对口支援新疆工作全面启动。新一轮援疆为期十年，首要的任务就是要编制好规划，为十年援疆奠定坚实的基础。编制援疆规划是江苏和克州两省州的共同任务，经双方共同努力，不仅高质量、高水平的编制完成了《江苏省对口支援新疆克州综合规划》（以下简称《综合规划》），而且根据对口援建的实际需要，组织编制了《克州发展战略规划》，有关市、县的《总体规划》，相关的乡镇规划，安居富民和定居兴牧集中点详细规划等一系列规划，为克州的发展制定战略，为城乡的发展描绘蓝图，为安居富民和定居兴牧提供建设依据，实现真正意义上的十年援疆，规划先行。

一、关于援疆综合规划

按照中央援疆工作的要求，结合江苏对口支援新疆克州的任务，自2010年8月指挥部进驻克州，两省州就开始组织编制《江苏省对口支援新疆克州综合规划》及其《昆山市对口支援阿图什市专项规划》《无锡市对口支援阿合奇县专项规划》和《常州市对口支援乌恰县专项规划》，规划的年限为2011～2015年，展望2020年。

按照中央援疆工作的要求，结合克州的需求和江苏的优势，《综合规划》以安居工程为抓手，加快改善当地居民生活条件；以教育卫生为重点，积极支持社会公共事业发展；以现代农业为方向，促进农牧业又好又快发展；以保护和开发并重为方针，引导矿业持续健康发展；以园区建设为平台，推进产业合作和转移；以能力提升为目标，促进干部人才队伍建设；以科技交流合作为平台，提升自主创新能力。《综合规划》统筹兼顾，组织综合援助；突出重点，落实民生优先；因地制宜，注重实际效果；优势互补，促进共同发展。

按照中央援疆工作的要求，在经济援疆、干部援疆、人才援疆、教育援疆和科技援疆五个方面，统筹安排、综合平衡，使援疆资金最大限度地发挥效益。十年援疆的前五年，江苏财政投入的援建资金接近20亿元，而援建项目带动的总资金投入接近50亿元之多，让中央分配的援建资金，发挥最大的作用和效率，以这种杠杆和带动作用，全面推动克州的富民安居和经济跨越式发展。

二、关于发展战略规划

在十年援疆的历史背景下，在十年援疆刚刚开始的时候，把组织编制《克州发展战略规划》作为援疆工作重要任务，不仅体现援疆工作的战略性，而且体现援疆工作的务实性。在克州近60年的历史上，这是第一次系统地、全面地研究克州发展战略。

编制《克州发展战略规划》的过程，在于统一思想，明确方向，这是克州解放思想大讨论的课题之一。《克州发展战略规划》的研究结果，在于富民安居，实现跨越，长治久安。在克州开展解放思想大讨论的背景下，让克州的干部和群众参与《克州发展战略规划》研究的过程，也就是统一思想，明确方向的过程，比了解《克州发展战略规划》的研究结果更为重要。

编制《克州发展战略规划》，不仅要清醒地认识到克州是一个“人口小州、经济弱州、边防大州、战略重州”，更重要的是要统一思想，把克州建设成为一个干群思想解放、区域关系和谐的开放之州，经济稳步提升、人民生活殷实的富裕之州，民族风情浓郁、地域特色鲜明的人文之州，民族关系融洽、社会环境稳定的祥和之州，边疆安全巩固、生态格局稳固的安定之州。在克州各族人民的共同努力下，把充满活力的希望之州，建设成为我国西部边陲一颗耀眼的明珠。

三、关于城市总体规划

在十年援疆这样的特殊历史背景下，城市的发展有许多机遇和不确定性，城市也必将有一个跨越式的发展，有必要对城市总体规划进行修编，为城市的发展绘就蓝图。所以，十年援疆伊始，把修编阿图什市、乌恰县和阿合奇县的城市总体规划作为援疆工作的重要任务来抓。

城市规划是对一定时期内城市的经济和社会发展、土地利用、空间布局以及各项建设的综合部署、具体安排和实施管理，是对未来的一种安排和谋划。十年援疆，要实现富民安居，跨越式发展和长治久安，就必须对城市未来的发展和建设做出长远的安排和谋划。

修编城市总体规划，就是要统筹研究城市的性质和定位，人口规模和建设用地规模，发展方向和功能布局，公共和公益设施布局，交通和路网系统，绿化和城市景观，供水、排水、电力、电讯、燃气、供暖等市政设施的配套标准、规模和布局。

修编城市总体规划，就是要处理好近期和远期的关系，需要和可能的关系，局部和整体的关系，经济发展与环境保护的关系，城市发展和保护耕地的关系，平时与非常时期的关系，现代化建设与历史文化保护的关系，城市功能与城市形象的关系。

《阿图什市城市总体规划》要特别处理好与喀什的一体化发展关系，尤其要处理好与喀什经济特区的关系，要处理好工业区布局和城市发展时序的关系，要处理好城市发展方向、城市布局、城市滨河景观、城市交通和基础设施配套等关系，努力改善城市环境，提升城市功能，实现城市的现代化。《乌恰县总体规划》要特别处理好口岸与城市的发展关系，要处理好 10 平方公里经济特区功能定位及其与既有城区的关系，努力改善城市景观，提升城市形象。《阿合奇县总体规划》要特别处理好县城新区的地质灾害隐患，确保城市安全，要处理好托什干河的防洪和滨河水景观的关系，努力配套完善旅游设施，积极发展旅游产业，增加就业岗位，提高居民收入。

四、关于乡镇规划

对口援助的有关县市，在组织编制总体规划的同时，根据实际需要组织编制有关乡镇的规划。乡镇是城市和农区及牧区之间的纽带，是科学合理的城镇体系中的重要节点，在人少地多、地域辽阔的克州，乡镇的地位尤其重要。

在城镇化进程中，相当一部分人口首先从农村和牧区向乡镇转移，要按照人口的空间分布规划，合理确定乡镇的用地规模，优化用地和空间布局。要高标准的规划配套公共设施、公益设施和基础设施，如学校、幼儿园、医院、巴扎、基层组织阵地等等，努力为农牧民提供配套服务。

五、关于安居富民和定居兴牧规划

实现安居富民和定居兴牧的目标，是援疆工作的重要任务之一。目前，已经编制完成 9 个安居富民和定居兴牧集中点的规划，并且基本都已按规划开工建设。安居富民和定居兴牧不仅仅是解决牧民安居和基础设施配套问题，更重要的是为城镇化进程提供空间，为产业升级提供载体，从而引领城镇化进程，引领人口的有序流动转移，引领产业的升级，引领城乡的统筹发展。

一方面做到一村一规划，融进江苏的先进规划理念和克州的地方民族特色，配套齐全的基础设施，为农牧民提供良好的居住和生产空间。另一方面做到“三个结合”，即结合城镇化进程，尽可能将安居富民和定居兴牧集中点规划建设在县市城区及其周边地区，如乌恰；结合牧业人口的转移和养殖方式的转化，尽可能将安居富民和定居兴牧集中点规划建设在乡镇，如阿合奇；结合牧民居住条件改善和基础设施配套的需要，尽可能将安居富民和定居兴牧集中点成规模的建设，如阿图什。

六、关于城乡规划管理

城乡规划编制、审批和管理都必须严格执行《中华人民共和国城乡规划法》，按照法定程序编制的城市规划，还要按照法定程序报批，经审批后的城市规划才有法定效率。如《阿图什市城市总体规划》要报自治区人民政府审批，《乌恰县总体规划》和《阿合奇县总体规划》要报州人民政府审批，各乡规划要报所在县人民政府审批。

在城市总体规划的指导下，各县市要根据城市建设的需要，抓紧编制城市近期建设地区（如城市中心区、工业园区、重要景观地段等）的详细规划，为土地开发利用和建设提供具体的可操作的规划依据。城市规划一经审批，即具有法定效力，任何个人和组织都必须严格执行，不得违反。

当然，城市规划也不是一成不变的，社会经济发展的不同阶段，会对城市规划提出新的需求，而城市规划也可以和应该作相应的修编，但必须履行法定审批程序后方可修编。

本文原载《克州政研》第 28 期，2011 年 11 月 18 日
本文又载《克孜勒苏报》2011 年 12 月 31 日第三版

加快控规制定工作　规范城市规划管理

经过两年多的努力，江苏先后援助克州编制了《克州发展战略规划》《克州旅游发展规划》《阿合奇县总体规划》《乌恰县总体规划》和《阿图什市城市总体规划》，一些乡、镇、村庄和富民安居点、游牧民定居点的规划也已编制完成，城乡规划编制工作逐步趋向完善。在当地的城乡建设中，也首先要看看有没有规划，是不是符合规划，这种规划意识的提高是来之不易的。

经过两年的努力，克州的城乡规划体系逐步完善，从已有的规划成果来看，最缺少的是城市控制性详细规划，从依法实施规划管理的角度，最需要的也是控制性详细规划。为了进一步推动克州完善城乡规划体系，推动控制性详细规划的编制工作，让克州的干部更好地理解控制性详细规划的法定地位、重要作用、主要内容、制定程序和修编规定等要求，我应邀在《政策研究》发表了本文。

随着新疆跨越式发展进程的加快，新疆维吾尔自治区党委和政府高度重视城乡规划工作，要求各地加快编制各层次的城乡规划，完善城乡规划体系，实现城乡规划的全覆盖。克州是新疆相对欠发达的地区，在实现跨越式发展和后发赶超的过程中，必须有科学的规划引领。近年来，克州先后编制了《克州发展战略规划》《克州旅游发展规划》，修编了《阿合奇县总体规划》《乌恰县总体规划》和《阿图什市城市总体规划》，一些乡、镇、村庄和富民安居、游牧民定居点的规划也已编制完成，城乡规划编制工作逐步趋向完善。

对照《中华人民共和国城乡规划法》确定的城乡规划编制体系，克州的城乡规划编制工作中，相对滞后的是在城市总体规划指导下的控规的编制工作，迫切需要加快控规的制定工作。在进一步完善城乡规划体系的基础上，规范城乡规划管理，提高城乡规划管理水平，从而完善城乡功能，改善城乡人居环境。

一、控规的层次和地位

“控规”是控制性详细规划的简称，按照《城市规划基本术语标准》（GB/T 50280-98），控制性详细规划（regulatory plan）的定义为：以城市总体规划或分区规划为依据，确定建设地区的土地使用性质和使用强度的控制指标、道路和工程管线控制性位置以及空间环境控制的规划要求。

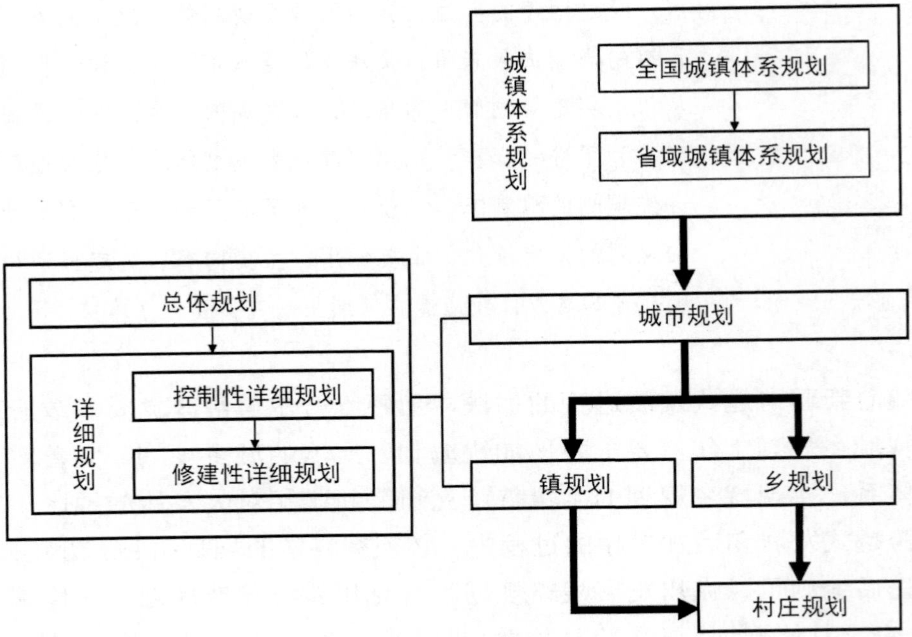

城乡规划体系层次框图

控规是城市规划的重要层次，而且是必不可少的层次。从《中华人民共和国城乡规划法》确定的城乡规划编制体系结构层次框图可以看出，城乡规划体系的结构层次是有机联系的，是相互制约的。控规的编制必须依据城市总体规划和镇规划等上位规划，经法定程序批准的控规又成为下位的修建性详细规划和建筑设计的依据。从城乡规划实施管理的角度而言，控规是指导城乡规划实施管理的关键层次。

二、控规的地位和作用

控制性详细规划是以城市总体规划或分区规划为依据，对城市总体规划或分区规划意图的深化。控制性详细规划为土地综合开发和规划管理提供必要的依据，也是编制修建性详细规划和建筑设计的依据。可以说控制性详细规划是城市总体规划的深化和细化，是规划实施管理的重要依据，在城乡规划体系中具有不可替代的重要地位。

科学制定和实施控制性详细规划，可以有序地引导城市新、旧区的开发与再开发活动，促进城市土地的合理使用，防止、消除或减少各用地之间的相互影响和干扰，并确保公共服务设施及基础服务设施的合理配置，提高人居环境质量。控制性详细规划也是适应我国投资主体改革，政府直接控制和引导城市土地开发的重要手段。

依据法定的控制性详细规划实施城市规划管理，不仅有利于城市建设的科学管理，而且有利于避免城市建设的人为失误，也有利于防控城市规划管理过程中的腐败行为。

三、控规的内容和形式

控制性详细规划的内容是法定的，控制性详细规划对规划范围的用地进行地块细划，确定各类用地性质和开发强度、人口密度和建筑容量，确定建设地区土地使用的控制指标、道路和工程管线控制性位置以及空间环境控制的规划要求。

按照国家住房和城乡建设部《城市、镇控制性详细规划编制审批办法》（部令第 7 号）第十条的规定，控制性详细规划应当包括下列基本内容：

（一）土地使用性质及其兼容性等用地功能控制要求；

（二）容积率、建筑高度、建筑密度、绿地率等用地指标；

（三）基础设施、公共服务设施、公共安全设施的用地规模、范围及具体控制要求，地下管线控制要求；

（四）基础设施用地的控制界线（黄线）、各类绿地范围的控制线（绿线）、历史文化街区和历史建筑的保护范围界线（紫线）、地表水体保护和控制的地域界线（蓝线）等“四线”及控制要求。

控制性详细规划成果的形式也是法定的，主要包括文本、图件和附件。

依据法定的控制性详细规划成果实施城市规划管理，各项管理要素均有据可依，不仅有利于实现城市建设的法制化，同时也有利于提高城市建设的质量和水平。

四、控规的制定和修改

《中华人民共和国城乡规划法》对控制性详细规划的编制、审批、实施和修改作出了一整套明确规定。其中基本要点是：由市、县人民政府城乡规划主管部门和镇人民政府依据城市和镇的总体规划组织编制；由市、县人民政府批准，报本级人民代表大会常务委员会和上一级人民政府备案，县人民政府所在地镇以外的镇的控制性详细规划报上一级人民政府批准；控制性详细规划是城市和镇进行建设用地规划许可、建设用地出让、建设工程规划许可的必备的、不可以违反的基本条件；修改控制性详细规划，应先论证修改的必要性，征求规划地段内利害关系人的意见，经原审批机关同意后方可编制修改方案，修改后的控制性详细规划，应按原程序报批；控制性详细规划修改涉及城镇总体规划强制性内容的，应当先修改总体规划。也就是说，控制性详细规划的编制、审批和修改是极其严肃的行政和立法行为，并不是找人画一张图就是城市控制性详细规划，更不是某个人的一句话就可以修改控制性详细规划。

城市控制性详细规划是城乡规划体系中的一个重要层次，是城乡规划管理的重要依据。城市控制性详细规划必须依法组织编制，依法上报审批，依法组织实施，依法进行修改。只有依据法定的控制性详细规划实施城乡规划管理，城乡规划建设工作才能步入法制化的轨道。

对于克州的市、县而言，在全面完成市、县总体规划编制工作的基础上，当务之急是要加快控制性详细规划的制定工作，依据法定的控制性详细规划实施规划管理，为克州的新型城镇化进程和跨越式发展奠定坚实的基础。

本文原载中共克孜勒苏州委《政策研究》
2012 年 7 月 16 日第 11 期（本文著者还有汪先良）

世界的帕米尔　永远的玛纳斯
——关于新疆克州旅游业跨越式发展的思考

克州地处祖国西南边陲，干旱少雨，缺少耕地，生态环境脆弱，工业基础差，经济欠发达，但特殊的自然禀赋和民族文化则是独特的旅游资源，是克州经济发展的重要原动力。由此，大力发展克州的旅游业是克州发展战略的重要选择之一，而且成为克州各界的共识。

在此前提下，作为援疆项目之一，我们组织编制了《克州旅游发展规划》。为了编制好这个规划，我们邀请了江苏省城市规划设计研究院，发挥专业特长，负责编制工作，收到了很好的效果。为了让克州的干部更好地熟悉和了解《克州旅游发展规划》的内容，应克州党委《政策研究》编辑部的邀请，我们撰写了这篇文章。

【摘要】 围绕新疆克孜勒苏柯尔克孜自治州（以下简称“克州”）的特殊区位及独特的旅游资源，从分析克州旅游发展的社会、经济、资源、设施、策略等入手，构建“一核四区”的空间布局，制定跨越式发展的目标、策略和建议。

【关键词】 新疆克州、旅游业、跨越式发展

克州位于新疆维吾尔自治区西南部边境地区，北部和西部分别与吉尔吉斯斯坦和塔吉克斯坦两国接壤，边境线长达 1195 公里；东部与阿克苏地区相连；南部与喀什地区毗邻，面积 7.25 万平方公里。克州地跨天山山脉西南部、帕米尔高原东部、昆仑山北坡和塔里木盆地西北缘。

2009年，国务院出台《关于加快发展旅游业的意见》，明确提出要把旅游业培育成国民经济的战略性支柱产业和人民群众更加满意的现代服务业。中央新疆工作座谈会针对新疆发展旅游特色产业，强调“要发展旅游业，把新疆建设成为我国重要旅游目的地”。2011年5月，新疆维吾尔自治区旅游产业发展大会提出把旅游业培育成为新疆国民经济的战略性支柱产业、改善民生的重要富民产业和人民群众更加满意的现代服务业，把新疆建设成为我国重要的旅游目的地。2011年10月，克州党委旅游工作会议提出要努力实现旅游业跨越式发展，突破发展，把旅游业培育成为克州国民经济的战略性支柱产业、改善民生的重要富民产业和人民群众更加满意的现代服务业。

随着新疆及克州经济的快速发展和社会生活水平的不断提高。近年来，南疆旅游得到了蓬勃发展，其中克州旅游资源丰富、景观独特、区位特殊，开发前景广阔。因此，本文以新疆克州旅游业发展为例，探索克州旅游的发展策略，旨在让旅游开发成为撬动克州跨越式发展的支点、实现克州“稳州兴州、富民固边”的突破口、实现克州发展现代文化产业的切入点。

一、良好的社会经济环境是克州旅游业发展的前提

克州作为直接面对中亚地区、间接面对南亚地区的中国西部开发开放前沿地区，周边国家及地区自身的经济社会发展、政治局势、民族关系、对外政策都成为影响克州积极实施对外开放，实现跨越式发展的重要外部环境。

1. 开放搞活的战略新部署

2007 年国务院《关于进一步促进新疆经济社会发展的若干意见》进一步给予南疆及克州发展重点政策倾斜，2010 年 5 月中央新疆工作会议对推进新疆跨越式发展和长治久安作出全面部署，提出特殊支持政策，旨在打造中国西部区域经济的增长极和向西开放的桥头堡，建设繁荣富裕、和谐稳定的美好新疆。

中央为促进将新疆对外开放提升为国家战略，设立了喀什特殊经济开发区，促进对外贸易快速发展，加快建设一批对外开放经济开发区，并使其享受特殊政策。凭借吐尔尕特和伊尔克什坦两大国家一类陆路口岸优势，国家在克州规划了喀什特殊经济开发区克州乌恰园区，这使得克州的发展成为国家战略的重要组成部分。同时，国家将把召开了 19 届的乌洽会（乌鲁木齐经贸洽谈会）升格为“中国—亚欧经贸博览会”，为克州实施对外开放提供了更高层次的平台。

2. 援疆支持带来市场新拓展

援疆政策的支持带来市场的发展壮大，特别是与直接对口援克省市的相关单位合作组织推介。根据中央新疆工作座谈会议精神，全国 19 省市对口支援新疆，其中江苏省与江西省对口支援克州。国家投入扶持力度大，根据《南疆三地州建设项目专项规划》，在 2009 年至 2013 年，国家将补助投资 534 亿元支持喀什地区、和田地区和克州的社会经济发展。江苏省主要对口援建克州的阿图什市、乌恰县、阿合奇县。

3. 产业转型催生旅游新业态

在新一轮援疆工作中，喀什经济特区的设立以及各项扶持旅游发展政策措施的连续出台，为克州加快发展旅游业提供了难得机遇。旅游与其他产业的互融是大势所趋，特别是喀什经济特区的建设，其中有 10 平方公里在乌恰县，这是克州旅游业发展的新动力，也将加快产业间的联动，广泛利用社会资源，构建旅游产业链，提升相关产业的附加值。

二、丰富的自然人文资源是克州旅游业发展的基础

1. 世界独特地貌聚集地

克州拥有帕米尔高原、昆仑山、天山、克孜勒苏河谷平原等独特的地貌特色。对帕米尔高原资源的利用，目前仅有的两个 A 级景区，旅游发展处于全州的先行区，目前的发展方向主要是依托帕米尔高原资源特色。克州一州拥两山，形成了更为丰富多彩的自然地形地貌景观，且道路联系便捷，可进入性较强，且旅游景点散布于主要交通线，便于旅游线路组织，开发深度体验旅游。

2. 古丝绸之路的交汇地

克州位于古代丝绸之路南路与中路的必经之地，遗留下丰富的历史文化遗存。由于环境变迁，风沙淹没，古城消失，成为丝路最神秘的地段，构成最富魅力的旅游资源。如在克州境内分布着喀喇汗王朝王宫遗址、喀喇汗王朝墓葬群、苏温古城遗址、盖孜驿站遗址、阿合奇县古岩画等遗迹。克州不仅是东西方文化汇聚之地，同时还是古时的中原文化与柯尔克孜族文化、维吾尔族文化等少数民族文化的多元融合之地。

3. 典型柯尔克孜族文化汇聚地

克州是柯尔克孜族的主要聚居地，柯尔克孜族是生活在克州的古老游牧民族，在漫长的历史长河中积淀了深厚的文化底蕴，但目前柯尔克孜族文化尚缺少有效的旅游载体，文化与旅游融合尚存在不同程度的脱节。发展方向主要对传统文化现代解读，用国际手法打造一流的柯尔克孜族文化旅游精品，塑造鲜明的产品个性。

东西方文化在此交汇，形成克州文化的多元性。这里是古代三大文明（华夏文明、古印度文明、古希腊文明）、三大宗教（佛教、基督教、伊斯兰教）、三大语系（汉藏语系、阿尔泰语系、印欧语系）的荟萃之地和交融之地。发展方向主要是依托具有世界级影响力的丝绸之路文化，整合沿线旅游资源，以线带面，连面成片，推动丝绸之路旅游产品的提档升级。

克州拥有伊尔克什坦、吐尔尕特两个国家一类陆路口岸。已有“西部第一村”“西部第一关”“西部第一街”等多处独特性旅游资源，但由于尚未开展边境旅游异地办证试点工作，相邻诸国并不是我国主要的出境旅游目的地，口岸旅游受到较大制约。整合口岸红色资源、西部之最等旅游资源，积极协调相关口岸旅游政策，丰富口岸旅游文化内涵，构建中国边境核心品牌产品势在必行。

三、完善的旅游基础设施是克州旅游业发展的条件

1. 利用交通和口岸优势，提升资源开发水平

克州区域交通便利，G314、南疆铁路穿境而过，临近喀什机场。随着高速公路和南疆铁路、中吉乌铁路、中巴铁路的建设，克州的旅游区域大交通条件将进一步改善，对于全州旅游资源的整合开发、拓展全国旅游市场、提升旅游资源开发水平具有重要意义。

克州的柯尔克孜民族完整地保留着与中亚同族少数民族的传统和民族风情，可利用口岸和民族地缘优势，吸引中亚少数民族来寻根，对接中亚“伊塞克湖”国际旅游线路，对于克州开辟中亚乃至国际旅游市场提供了前提条件。

2. 借援兴旅与疆内合作结合，拓展旅游合作平台

借援兴旅，加快推进与其他省区的深度合作。加强对外区域旅游合作，促进旅游联动发展。加强与对口援建省份之间的旅游合作，拓展合作方式，加强产品组合和市场促销方面的合作，跨区域组织旅游线路，联合开展旅游市场促销。制定实施旅游规划、景区建设、客源互送、招商引资、营销推广、人才培训等方面的对口援助计划。

加强与南疆各地市的协同互动。充分依托喀什、阿克苏机场的交通优势，借助克州周边地市的地缘优势及援建省市，融合发展建设南疆区域旅游一体化的发展，进一步依托区域旅游线路形成全疆的旅游联动。建设南疆“无障碍旅游区”，力促“互为旅游目的地、互为旅游市场”的基本利益格局的形成。

3. 加强生态建设工程，营造优良旅游环境

注重克州生态建设和环境保护，修复戈壁，防沙治沙，保护基底，培育多样性，旨在建立长效生态补偿机制和生态环境共治机制，为推动国内外的旅游合作提供强有力的支撑与保障。加强资源节约与综合利用，

大力发展旅游循环经济，推行清洁生产，建立绿色技术支撑体系和节能环保制度。

实施帕米尔高原地区生态保护、沿线流域水污染治理及水体保护、土地治理工程，进一步提升跨境区域的生态承载力和环境容量，构建生态优良、环境优美、人与自然和谐的宜旅宜居的跨境旅游示范区域。积极推进跨国自然保护区等重点地区生态建设和环境保护的国际合作。

4. 完善旅游服务设施，提高综合接待能力

克州旅游服务设施整体水平较低，接待能力有限。旅游饭店档次结构、布局不尽合理，设施相对老化，综合效益不高。截至 2011 年，星级及准星级宾馆共 7 家，客房 516 间，床位 853 张。旅行社整体规模小，经营水平较低，管理有待规范。克州有旅行社 3 家，2009 年成立克州金桥旅行社，2010 年成立乌恰县西部边陲旅行社，2012 年成立阿克陶县冰雪旅行社。克州旅游购物及餐饮尚未形成规模和品牌，缺乏规范化引导管理。

推行覆盖旅游经济全领域的标准体系和标准化管理，推动旅游要素转型升级。旅游饭店形成在阿图什市市区、乌恰县、阿克陶县、阿合奇县建设星级饭店、经济型酒店；在主要景区及沿线的乡镇，根据需要建设文化主题型饭店、青年旅馆、汽车旅馆、农家客栈等特色型饭店设施。旅行社应积极与援建省市的旅行社进行合作，加强地接旅游业务。旅游购物应结合“一市三县”商业街大力发展购物旅游，制定和推行旅游购物点评选和推荐制度。旅游餐饮注重对克州传统餐饮和特色餐饮进行规范和提升，引导和推动在阿图什市区建成克州美食街区，在各县城结合酒店建设，推出风味餐厅和主题餐厅。

四、清晰的目标思路策略是克州旅游业发展的动力

1. 基于地脉和文脉的旅游形象设计

克州旅游主题形象基本要素包括原生态帕米尔高原、壮美的雪域群山、独特的自然奇景、纯美的柯尔克孜族风情、悠远的丝路文化、神圣的西哨边陲。将克州的主题形象定位为：世界的帕米尔，永远的玛纳斯！旅游宣传口号为：客来客往，克州行！

2. 基于跨越式的旅游发展目标定位

克州是帕米尔高原风光汇集之地、柯尔克孜族文化体验之地、丝绸文化之路的必经之地、边境口岸商贸展示之地，规划提出建设"世界高原深度体验旅游目的地"的总体定位，由四大支撑定位组成：国际著名的高原登山特种旅游胜地、国际知名的柯尔克孜族文化体验旅游胜地、中国高原丝路文化旅游第一州、中国西部边境口岸旅游特区。

根据不同阶段的发展目标，形成近期"打基础、出成效"，中期"树特色、创品牌"，远期"大提升、大发展"。将旅游业培育成为克州国民经济的战略性支柱产业，近期将克州建成"旅游大州"，中远期实现"旅游强州"的发展目标，旨在增强克州产业联动的竞争力和推进城镇化的进程。

3. 基于资源整合的旅游空间布局

根据克州旅游总体定位，整合资源优势，打造特色产品，区域联动构建“依托喀什、一核四区”的空间发展结构。

阿图什城市旅游综合服务中心。以阿图什市区为基础，对外联动喀什，突出“丝路重镇、民族艺术、巴扎风情”的品牌。

克孜勒苏河谷平原丝绸之路民俗旅游区。依托阿图什市、乌恰县、阿克陶县以及部分喀什地区。突出“丝路文化、民族文化、探险文化、农耕文化”的品牌。

西域边境口岸商贸体验旅游区。依托 S309、G3013 沿线的乡镇、旅游景区（点）等区域。乌恰拥有两个丝绸之路上的边境口岸，以丝路商贸文化和高山草原文化为主要依托，构建中国西部第一、世界知名的边境口岸旅游区。

西昆仑帕米尔高原风情旅游区。依托中巴公路沿线的乡镇、旅游景区（点）等区域。该区拥有帕米尔高原独特的地质景观，神话传说赋予其神秘色彩，且古丝绸之路亦在此留下足印，构建生态与登山探险旅游区。

南天山柯尔克孜族原生态文化旅游区。依托 G3012、S306 沿线的乡镇、旅游景区（点）等区域。依托南天山腹地优越的自然环境，利用柯尔克孜族的《玛纳斯》与猎鹰文化的唯一性，建设最佳世界自然和文化遗产保护地。

4. 基于创新驱动的旅游开发策略

实现“六大突破和六大跨越”。在旅游项目开发与产品体系建设上形成新突破，实现由一般性观光旅游地向复合型旅游目的地的跨越；在旅游品牌建设与旅游市场促销上形成新突破，实现由一般性区域旅游地向国内外知名旅游目的地的跨越；在边境旅游发展与旅游改革试验上形成新突破，实现由边缘化旅游地区向创新型边境旅游特区的跨越；在旅游主体培育与旅游产业拓展上形成新突破，实现由西部旅游资源大州向西部旅游经济强州的跨越；在旅游信息建设与科学技术融合上形成新突破，实现由被动式旅游途径向智慧克州便利旅游的跨越；在旅游政策配套与创新旅游发展上形成新突破，实现由各自为政的政策体系向政策创新示范的跨越。

本文原载克州党委《政策研究》2013 年 4 月 17 日（第 4 期）

（本文作者还有吴弋、吕龙）

《江苏省历史文化名村（保护）规划编制导则》解读

截至2014年，江苏省拥有国家历史文化名城11座，中国历史文化名镇26个，是全国国家历史文化名城和中国历史文化名镇数量最多的省份。拥有省级历史文化名城6座，省级历史文化名镇6个。同时，拥有中国历史文化名村10个，省级历史文化名村3个，中国传统村落16个（其中11个为中国历史文化名村）。

江苏的历史文化名城和历史文化名镇保护规划的编制工作进展顺利，但历史文化名村保护规划的编制工作相对滞后，必须加快推进历史文化名村保护规划的编制工作。但是，国家和省都没有历史文化名村保护规划编制的规范、标准和编制办法，无法统一保护规划的编制工作。

为此，着手制定《江苏省历史文化名村（保护）规划编制导则》，填补国家和省在这一领域的空白，成为当时的当务之急。为了便于规划编制和规划管理人员更好地理解和运用《江苏省历史文化名村（保护）规划编制导则》，撰写了这篇解读。在随后的两年里，全省历史文化名村保护规划的编制工作也全面完成。

【摘要】 随着城乡发展一体化的推进，保护乡村景观和文化遗存、留住乡愁记忆的重要性日益凸显。为了加强历史文化名村的保护，江苏省住房和城乡建设厅组织编制并下发了《江苏省历史文化名村（保护）规划编制导则》，以此指导推进全省历史文化名村保护规划全覆盖。本文对导则的主要内容进行解读与阐释，以便于规划编制和规划管理人员对导则的理解。

【关键词】 历史文化名村；保护规划；村庄建设；导则；解读

党的十八大提出的中国特色新型城镇化发展战略，注重传承城乡文化和保留历史记忆，关注人与自然和谐的生态文明，让人们“看得见山、望得见水、记得住乡愁”。在这样的背景下，历史文化和乡土文化的保护与传承具有特别重要的意义。

江苏省自上世纪80年代开始系统推进历史文化保护体系的建设，积极申报历史文化名城、名镇和名村，不断加强历史文化的保护。迄今为止，江苏省拥有国家历史文化名城11座，中国历史文化名镇26个，是全国国家历史文化名城和中国历史文化名镇数量最多的省份。拥有省级历史文化名城6座，省级历史文化名镇6个，中国历史文化名村10个，省级历史文化名村3个，中国传统村落16个（其中11个为中国历史文化名村），江苏省历史文化保护区1个。

为了推动江苏省历史文化名村的保护，保持地域文化的独特性和多样性，促进江苏农村的可持续发展，江苏省住房与城乡建设厅于2014年7月下发了《江苏省历史文化名村（保护）规划编制导则》（苏建函规〔2014〕453号）（下称《导则》），填补了江苏乃至全国历史文化名村保护规划编制技术文件的空白。现就《导则》的主要内容解读如下：

一、统一全省历史文化名村（保护）规划的内容和深度

规划文本大纲包括：1总则、2村庄保护与发展目标、3历史文化保护、4村庄建设发展、5保护机制与实施策略。

规划图纸包括：1历史文化遗存分布图、2现状图、3建筑分析图、4保护规划区划图、5空间格局保护规划图、6建筑物保护与整治规划图、7用地规划图、8道路交通规划图、9基础设施规划图、10规划总平面图、11重要节点规划图。

我国历史文化名村保护的法制化进程，可以追溯到21世纪初。2002年国家颁布《中华人民共和国文物保护法》，2003年建设部、国家文物局联合公布了第一批22个中国历史文化名镇（村），2008年国务院颁布了《历史文化名城名镇名村保护条例》。截至2014年3月，全国已经分6批次公布了276个中国历史文化名村。国家虽然重视历史文化名村的保护，但却一直没有出台针对历史文化名村保护规划编制的技术文件。

直到2013年，住房与城乡建设部颁布了《历史文化名城名镇名村保护规划编制要求》（试行），但因其涵盖了历史文化名城、名镇、名村保护规划编制要求的众多内容，涉及历史文化名村保护规划编制的要求的针对性就不强。加之该编制要求需要面对全国各地自然、经济、社会和技术条件的差异，难免存在可操作性不强的问题。

由于历史文化名村保护规划缺少统一的技术规范，各自理解的历史文化名村保护规划的内容和深度也就各有差异，规划成果的质量和水平基本取决于规划编制人员的经验和水平。由此导致历史文化名村保护规划的系统性缺失，指导性不强，甚至不实用、不可操作，其后果是直接影响历史文化名村的有效保护。

针对江苏历史文化名村保护规划编制工作的实际，《导则》不仅规定了历史文化名村保护规划的成果构成，而且规定了历史文化名村保护规划的文本大纲，还规定了历史文化名村保护规划的主要图纸要求。同时，通过技术指引明确历史文化名村保护规划的文本和各部分的具体内容和要求，统一规范全省历史文化名村保护规划编制的内容和深度。

二、统筹历史文化保护规划与村庄建设规划

规划任务：调查研究村庄的发展演变和历史文化遗存，总结历史文化价值及特色，确定各类保护对象，提出保护和利用措施，同时对村庄的发展建设做出规划安排。

江苏的历史文化名村大部分为行政村村部所在地自然村，历史文化

遗存绝大部分集中在所在自然村范围内。按照《江苏省村庄规划导则》规定，村庄（居民点）应编制村庄建设规划。按照《历史文化名城名镇名村保护条例》第十三条的规定，“历史文化名镇、名村批准公布后，所在地县级人民政府应当组织编制历史文化名镇、名村保护规划”。

江苏作为全国城镇化与现代化进程最为迅速的省份，强调历史文化名村保护与发展结合，保护与发展缺一不可。保护规划应综合考虑所在自然村庄的文化遗产保护和利用、村庄可持续发展需求、村庄环境的优化和村民生活改善。

《导则》兼顾了历史文化名村所在自然村庄既需要编制保护规划，同时又需要编制村庄建设规划的现实要求，将两个规划合二为一，整合为《历史文化名村（保护）规划》，不再分别编制村庄建设规划和历史文化保护规划。这样，既提高规划编制的效率，又避免两个规划“两张皮”现象，不仅统筹安排村庄的功能定位、空间布局、产业引导、设施配套等涉及村庄发展与建设的内容，而且将涉及历史文化名村保护的空间格局、历史街巷、历史建筑等等内容的保护和利用要求与村庄建设规划有机结合，为有效保护、合理利用历史文化遗存奠定基础。

三、重视历史文化研究和建筑分类评价

历史研究：对村庄的历史沿革，包括村庄的起源、变迁、建制变化及主要发展阶段进行研究，关注村庄的社会结构，包括宗族世系、农村基层组织及其相关的生产关系、村庄经济等的发展变化。

建筑分类和评价：对规划范围内的现状建筑进行入户调查，并按年代、层数、风貌、质量、供能等进行分类和评价。

乡村历史文化有区别于城市的许多重要特征，在历史文化名村保护规划的过程中，要求研究农村存在的以血缘宗族为核心的社会关系，以及在此基础上建立的独特乡规民约制度；随着社会的变迁，农村社会的组织和治理方式发生了根本性变化，与此相关的地缘关系、村庄经济、村民治理、社会风俗、传统礼仪也发生了转变；此外，农村还具有区别于城镇的传统生产、生活方式，这些都是村庄历史文化延续

的脉络所在。在历史文化研究的基础上，正确评价村庄的历史文化价值，凝炼村庄的历史文化价值特色，有利于把握村庄历史文化保护和传承的核心。

历史文化名村的建筑遗存是承载历史文化名村价值的主要的也是最普遍的要素，如何全面调查和综合评价建筑遗存的状况是历史文化名村保护规划的关键。《导则》要求对历史文化名村的建筑进行逐幢的入户调查，分析确定每幢建筑的年代、功能（包括历史上的主要功能和现状功能）、质量、风貌和层数等状况。在此基础上，综合评价建筑的历史文化价值和利用价值，为提出科学合理的整治修复方法，保护利用措施奠定基础。

四、明确历史文化名村保护的核心内容

确定保护对象：根据历史研究和现状调查评估的结论，确定需要保护的各类物质文化遗存和各类非物质文化遗产的名录。

划定保护范围：将文物保护单位和历史建筑相对集中，历史格局和风貌保存较为完好的区域，划定为历史文化名村的核心保护范围。

明确保护要求：提出文物保护单位、历史建筑等的保护、修缮、修复和展示利用的要求和措施。提出村庄历史空间格局和风貌的保护控制要求。提出历史环境要素的保护措施，以及与功能、景观相结合的展示利用方法。提出村庄自然景观环境保护要求，明确景观和生态修复与整治措施。提出承载非物质文化遗产的建筑和空间的展示利用方法。

明确建筑整治模式：各级文物保护单位、历史建筑应当按照相关法律、法规进行修缮、修复；其余建筑，应综合风貌和质量，逐栋明确整治模式。

历史文化名村保护规划的编制过程中，在历史研究和现状调研的基础上，整理出必须和需要保护的历史文化遗存清单，这是构成历史文化名村的核心内容，也是历史文化名村保护规划必须关注的内容，保护好这些历史文化遗存也是所在地政府的责任。

在村庄的建设用地范围内，历史文化遗存分布的区域，也是文物古

迹、历史建筑相对集中的区域，一般也是村庄历史比较悠久的核心区域。在这一区域内，结合历史文化名村空间格局的历史演变和街巷院落保存状况，同时考虑现状空间环境状况，合理划定历史文化名村核心保护范围。

对于历史文化名村的保护要求，不仅重视对文物保护单位和历史建筑的保护，而且强调对构成历史文化名村整体风貌的一般建筑的保护。不仅重视对整体空间格局及其街巷和院落的保护，而且强调对河塘水系、公共空间和景观视廊的保护。不仅重视对历史文化遗存的保护，而且强调对历史文化遗存的利用。不仅重视物质文化遗存的保护，而且强调非物质文化遗存的保护，更鼓励将传统文化表现方式的非物质文化遗产与物质文化遗产的保护与利用结合起来，恢复必要的文化空间，将传统活动还原到举行活动的特定场所。

对建筑遗存的整治方法，长期以来没有得到统一。《导则》从规划管理应重点关注的历史文化名村风貌、乡土特征的延续性出发，将建筑遗存的整治分成两类。一类是文物保护单位和历史建筑，这类建筑的整治已经有法可依，明确按照《中华人民共和国文物保护法》和《历史文化名城名镇名村保护条例》的相关要求严格保护。另一类是除文物保护单位和历史建筑以外的一般建筑。这类建筑整治方法，强调传统风貌的重要性和整体性，按照建筑的现状情况，综合建筑风貌和建筑质量两大因素，分为改善、整治和拆除三种模式。

五、强调尊重当地村民的意愿和意见

村庄保护与建设评估：通过访谈、问卷等形式对村民进行调查。内容包括：村民对历史文化名村历史文化价值的认知和保护方式的建议，对住宅建设、村庄环境及设施配套的意愿，对村庄发展建设的诉求和建议等。

鼓励公众参与：历史文化名村（保护）规划的编制与实施充分尊重村民意愿，按规定进行公示，广泛征求公众意见，调动社会各界参与历史文化名村保护工作的积极性。村集体要将历史文化名村保护要求纳入村规民约，加强宣传教育，发动村民主动参与和监督保护工作。

历史文化名村作为一个有着悠久历史的村庄，是当地村民的村庄，是当地村民世代传承的物质和文化的结晶。村民对当地的文化和建筑有着深厚的情感，对复杂的建筑遗存的产权关系最为清楚，对村庄的发展需求最为明晰，对环境的改善和配套需求最为明白。所以，充分听取村民的意见，尊重村民的意愿，鼓励村民的参与是编制高质量的历史文化名村保护规划的重要保障。

城市规划作为一项公共政策，必须公开和透明，《中华人民共和国城乡规划法》《江苏省城乡规划条例》《江苏省城市规划公示制度》等一系列法律法规和规范性文件都明确规定，城市规划的在编制过程中必须公示，城市规划的成果必须公开。尤其是历史文化保护规划，涉及的相对利益人和利益关系更加复杂，更加需要公众的参与。不能简单地认为历史文化名村保护规划编制是项技术工作。重要的是众多利益关系的协调和平衡，更重要的是不能用“精英规划”替代公众参与。

六、明确改善历史文化名村市政设施的举措

道路交通规划：在保护传统街巷道路走向、尺度和风貌的前提下，妥善满足村民出行、村镇公交、旅游交通、农用机械的通行需求。

基础设施规划：核心保护范围内的市政管线宜地下敷设，露明设施宜数量少、尺寸小、造型简洁，并尽量布设在对传统风貌影响小的位置。当历史街巷地下空间狭小时，应在保证安全的前提下提出特殊的工程措施。

综合防灾规划：村庄位于城镇消防站出警范围内时，应明确消防车道及行进路线，消火栓位置及取水方式和水量水压要求；远离城镇消防站时，应提出自备消防供水和消火栓系统，以及村内消防员、移动消防泵配置等规划措施。

《导则》规范的历史文化名村保护规划，不仅包括历史文化保护的内容，同时也包括村庄建设规划的内容。作为村庄建设规划，在市政设

施规划方面，主要是从村庄发展需求的角度，明确市政设施的数量的需求和设施的布局。诸如交通的组织、道路的布局和断面的宽度、停车设施的数量和布局等；自来水的用量需求、增压站和储水设施的布局等；排水体制的确定、雨水和污水管道的布置、污水处理设施的安排等；能源类型的选择、燃气管道的布置、燃气设施的安排等；消防水压的校核、消防站和消火栓的设置等等内容。以满足历史文化名村发展需求为前提，改善人居环境，提高村民的生活质量。

作为历史文化名村保护规划，不仅要满足村庄的发展要求，而且要在有效保护历史文化名村空间格局及其历史街巷和物质文化遗存的前提下，改善市政设施条件，改善人居环境，提高村民的生活质量。如街巷宽度不能满足或不能通行机动车，就必须在核心保护范围以外组织交通并配套停车设施；因为街巷狭窄无法铺设燃气管道，就可能要考虑使用燃气钢瓶，同时就需要考虑规划燃气换气站；因为街巷狭窄无法采用雨污分流，就有可能采用雨污合流，污水处理厂的规模就要扩大；消防车无法进入核心保护范围，就有可能要利用河塘设置消防码头，要专门划定沿河消防码头用地和设备用房并留有合适的通道。诸如此类适合特定历史文化名村实际情况的特殊措施，是提高历史文化名村市政设施水平，改善民生的关键所在。

七、制定适合当地实际的规划实施保障措施

保护机制与实施策略：加强组织领导、严格规划实施、保障资金投入、加大技术支持、鼓励公众参与。

历史文化名村保护的关键是保护规划的实施，在实际工作中，保护规划的实施是项十分复杂的工作，涉及公共政策、部门合作、保护技术、经济来源、利益关系、永续利用、后续管理等等诸多方面的问题。为了解决保护规划实施过程中这些问题，《导则》要求在保护规划编制过程中研究保护机制和实施策略。

今年，江苏省住房和城乡建设厅按照《导则》的规定，正在统一组

织推动历史文化名村保护规划的编制工作，今年底以前将全面完成全省历史文化名村保护规划的编制工作。在保护规划编制过程中，将总结整理《导则》存在的缺陷和问题，择时对《导则》进行修改和完善，以便更好地指导和规范历史文化名村保护规划的编制工作。

本文原载《江苏城市规划》2014 年第 8 期
（本文的作者还有姚迪）

以城市群为主体形态，推动江苏新型城镇化发展

城市群作为现代空间经济组织的基础单元，是国家参与全球竞争与国际分工的基本地域单元。2013年12月，中央召开城镇化工作会议，要求把城市群作为主体形态，促进大中小城市和小城镇合理分工、功能互补、协同发展。江苏作为我国沿海经济发达地区，面临着人多地少、资源匮乏等发展瓶颈，长期以来坚持以省级空间规划为引领，积极引导生产要素向城市带、城镇轴和都市圈等城市群地区集聚，取得了显著成效。

本文在总结近十余年江苏城市群建设取得成效的基础上，提出了以城市群为主体形态，推动江苏新型城镇化发展的若干思考，认为要继续以《江苏省城镇体系规划（2014-2030）》为依据，实施以城市群为主体形态的新型城镇化战略，大力推动城市带、城镇轴和都市圈等城市群地区建设，进一步优化全省城镇化空间布局。

国家“十一五”规划第一次正式提出了“城市群”概念，规划指出要把城市群作为推进城镇化建设的主体形态，逐步形成以沿海及京广京哈线为纵轴，长江及陇海线为横轴，若干城市群为主体的城镇化空间格局。随后，在党的十七大和十八大会议上，始终强调城市群的重要作用和现实意义。去年12月，中央城镇化工作会议明确了“把城市群作为主体形态，促进大中小城市和小城镇合理分工、功能互补、协同发展”的战略部署，构建科学合理的城市群，优化全国城镇化布局和形态，成

为国家推动新型城镇化发展的战略重点。

一、以城市群为主体形态的现实性和必要性

长期以来，江苏高度重视城市群的发展，多年来坚持以省本级空间规划为引领，积极引导生产要素向城市带、城镇轴和都市圈等城市群地区集聚。在2001年国务院批准的《江苏省城镇体系规划（2001-2020）》中，提出了由南京、徐州、苏锡常三大都市圈和沿沪宁、沿宁通、沿东陇海、沿海、沿新宜五条城镇聚合轴构成的城市群。为了有效引导“三圈五轴”城市群地区的发展，省政府在2002年先后批准了《南京都市圈规划》《徐州都市圈规划》和《苏锡常都市圈规划》，随后省住房和城乡建设厅又组织编制了《江苏沿江城市带规划（2005-2020）》《江苏沿海城镇带规划（2006-2020）》等系列城市群规划。目前，省政府组织编制完成的《江苏省城镇体系规划（2014-2030）》，已报送国务院待批。新版省域城镇体系规划进一步优化了全省城镇化空间布局，提出了形成“紧凑城镇、开敞区域”的省域空间结构和“一带两轴，三圈一极”的城市群空间结构。

1. 城市群是江苏城镇化的现实选择

随着我省城镇建设用地的快速增长，城镇空间增长需求与土地资源紧缺的矛盾日益突出，尤其是苏南地区已面临严峻的土地资源约束。另一方面，经济快速发展也付出了一定的资源环境代价，主要表现为耕地迅速减少、水环境质量下降、生态环境退化等问题。2000～2009年全省实际耕地年均减少约356平方公里[①]，部分地区剩余耕地已经接近基本农田保护指标的底线，依靠耕地提供建设用地增长的可用量极为有限。基于我省人多地少、资源匮乏的基本省情，决定了我省在推进城镇化发展的过程中，必须更加重视规模经营和集约发展，重视基于资源环境承载力构建科学合理的省域空间格局。

从国际经验来看，日本由于自然地理条件（平原仅占国土的24%）的限制，促使日本在发展过程中不得不采取了以便利、完善的基础设施

① 数据来源于《江苏省统计年鉴2010》。

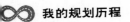

为基础，形成疏密相间、适度集中、集约化发展的模式，促进人口和经济等要素集中在东京附近的关东平原、名古屋附近的浓尾平原和京都、大阪附近的畿内平原等城市群地区。可见，城市群已成为人多地少、资源匮乏的地区推进城镇化发展的现实选择，也是符合我省资源环境承载能力特征的。

从城镇化发展历程来看，城市群作为城镇化发展过程中的必然产物，有利于解决城镇化中后期所面临的“城市病”问题。如美国 1920 年后，随着机动化和信息化的发展，出现了城市无序蔓延、交通拥堵严重、环境退化、生态破坏等“城市病”问题。美国及时认识到问题的弊端所在，积极推进城市群建设，逐渐形成了紧凑的区域和城市格局，引领了新一轮的经济社会快速发展。当前，我省城镇化所处的阶段和面临的问题与美国 1920 年时期极为相似，以城市群为主体形态有利于我省破解发展困境，实现转型升级，是我省推进新型城镇化发展的现实选择。

2. 城市群是江苏城镇化的客观需要

从全球发展态势来看，城市之间的竞争将演化成为城市区域的竞争。城市群作为现代空间经济组织的基础单元，集聚了大量的人口和经济要素，具有更高的全球竞争力，是国家参与全球竞争与国际分工的基本地域。如美国东北部城市群集中了全国近 18% 的人口，25% 的 GDP；英国东南部城市群集中了全国 31.33% 的人口、39.3% 的 GDP；日本太平洋沿岸城市群集中了全国 50.18% 的人口，63.37% 的 GDP。这三大世界级城市群都在各自国家扮演着经济中心和对外合作门户的地位，有效引领国家参与全球竞争。可以预见的是，未来世界经济发展将由若干个大型城市群地区来承托。城市群是江苏积极参与全球竞争、融入全球城市体系的客观需要。

从国家战略层面来看，城市群是我国新时期城镇化发展的重要战略选择。习近平总书记在中央城镇化会工作会议上发表重要讲话，指出“我国已经形成京津冀、长三角、珠三角三大城市群”，三大城市群要以建设世界级城市群为目标，继续在制度创新、科技进步、产业升级、绿色发展等方面走在全国前列，加快形成国际竞争新优势，在更高层次参与国际合作和竞争，发挥其对全国经济社会发展的重要支撑和引领作用。

今年以来，国家为加快推进城市群建设，进一步优化国家城镇化空间格局，启动了京津冀和长三角等城市群规划。我省沿江城市带作为长三角世界级城市群的北翼核心区，是具有国际竞争力的都市连绵地区，对打造长三角世界级城市群具有重要影响。可见，大力推进城市群建设，也是我省积极承担国家赋予我省的使命和责任，具有重大的战略意义。

二、江苏的城市群建设取得显著成效

近十余年来，我省大力推进城市带、城镇轴和都市圈等城市群地区的建设，取得了显著成效，尤其是在优化全省城镇空间布局、引导人口空间布局、促进经济发展要素集聚、推进基础设施网络建设和支撑国家重点战略部署等方面，均起到了关键的作用，为提升全省城镇化发展水平和人民生活水平作出了重要贡献。

1. 推动了城镇化的快速发展，引导了人口的空间布局

随着我省城镇化进程的快速推进，城镇化水平和质量得到了大幅度的提升。2000～2012年之间，我省的城镇化水平从42.3%增长至63.0%，年均增长1.73个百分点，全省常住人口总量由2000年的7327.24万人增长至2012年的7919.98万人，城镇人口从3086.23万人增长到4990.34万人，年均增长158.68万人。

从人口的空间分布情况来看，我省新增城镇人口主要集中于城市群地区的特大城市和大中城市。2000～2012年特大城市人口规模增长了1204.46万人，吸纳了新增城镇人口的63.25%，大中城市人口增长了983.3万人，特大城市、大中城市的发展是全省人口城镇化的主要动力。从城镇轴地区人口增长来看，表现出向苏南及沿江地区集聚的态势，五条城镇轴地区的城镇人口年均增长率均超过3%，吸纳了大量的农业转移人口（图1）。

从都市圈地区人口增长来看，苏锡常都市圈人口集聚态势最为显著。2000～2011年，苏锡常都市圈总人口占全省比重由21.4%增加到28.1%，城镇化率由56.7%增加至70.3%；南京都市圈总人口占全省比重由16.3%提高到18.5%，城镇化率由55.1%提升至72.7%，都市圈的带动效应凸显（图2）。

2. 提升了经济社会发展水平，促进了经济发展要素的集聚

近十余年来，我省经济社会发展取得了明显成效，人民生活水平不断提升。2000～2012年间全省GDP由8553.69亿元增长到54058.22亿元，年均增长16.6%，人均GDP从11765元增长到68347元，年均增速为15.8%。产业结构从2000年的12.2∶51.9∶35.9转变为2012年的6.3∶50.2∶43.5。城镇居民人均可支配收入由6800元增长到29677元，年均增长13.1%。

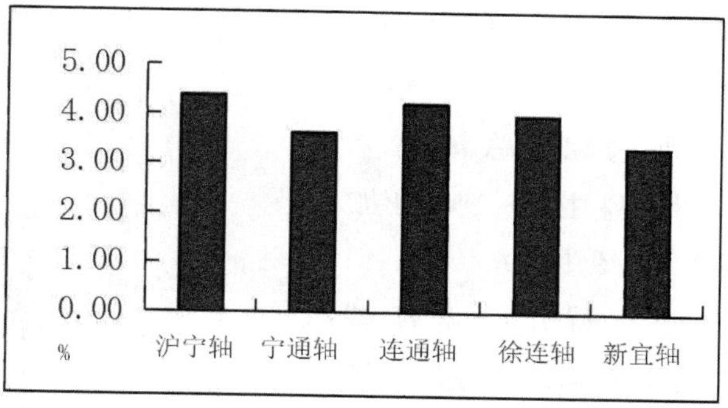

图1　2000～2011年城镇轴地区城镇人口年均增长情况

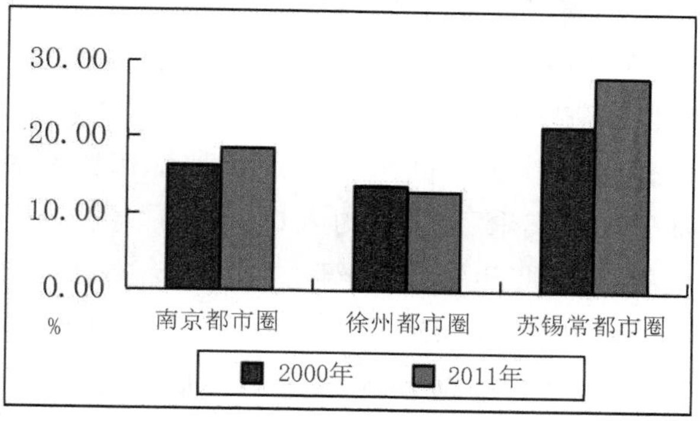

图2　2000、2011年都市圈地区总人口占全省比重

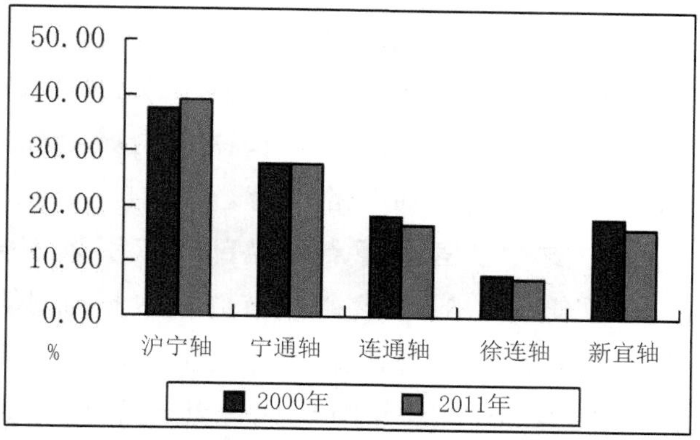

图3　2000、2011年城镇轴地区GDP占全省比重变化情况

从城镇轴地区经济要素的集聚态势来看，城镇轴对集聚经济发展要素起到了重要的作用。从带轴地区的经济要素集聚态势来看，沪宁轴和宁通轴GDP占全省比重有所提升（图3）。从都市圈的经济要素集聚态势来看，南京都市圈和苏锡常都市圈作为全省经济重心的地位均得到进一步增强，其中，2000～2011年，南京都市圈GDP总量

占全省的比例由21.4%增加至23.2%，苏锡常都市圈GDP总量占全省的比例由38.9%增加到43.1%（图4）。

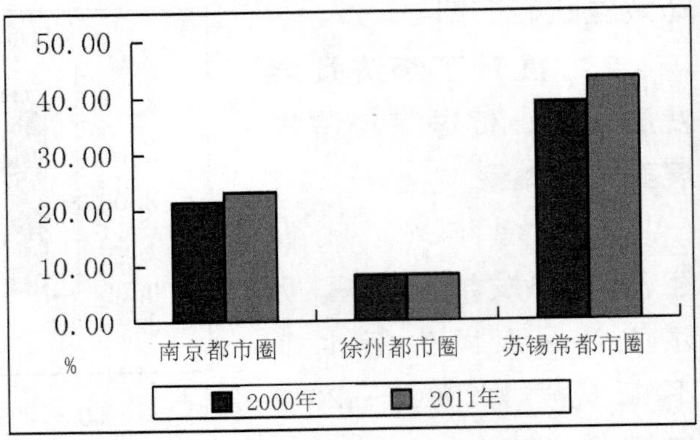

图4　2000、2011年都市圈地区GDP占全省比重

3. 优化了全省城镇空间布局，推进了基础设施网络的建设

随着我省大力推进城市群战略，全省城镇空间布局不断优化。当前，沿江城市带在长三角城市群中的地位和作用日益凸显，南京都市圈、苏锡常都市圈和徐州都市圈发展态势良好，“圈轴”地区集聚了大量的人口、经济、资本等要素，形成了良好的规模效应，全省“一带两轴、三圈一极”的城镇空间格局已逐步清晰。

城市群战略还有效引导了全省重要的基础设施走廊和高快速交通的布局，初步建立了网络化的发展框架。其中，徐连高速公路建设和陇海铁路改造，加强了“徐连城镇轴”沿线城镇联系；宁通高速公路扩容、沿江高速公路、沪宁高速公路、沪宁高速铁路和沪宁城际铁路建设强化了“宁通、沪宁城镇聚合轴”的发展；京沪高速公路、沪宜高速公路、新长铁路和京杭运河改造，为“新宜城镇轴”沿线城镇发展提供了交通联系；沿海高速公路、新长铁路盐城至海安段和宁启铁路东段建设，促进了“连通城镇轴”的培育。

4. 支撑了国家重点战略部署，引领了省域空间战略的实施

近年来，随着我省城市群地区日渐成熟，逐渐成为全省经济社会发展的核心，对支撑国家战略的部署起到了重要的作用。2009年江苏沿海大开发和2013年苏南现代化建设示范区等国家战略，均与我省城市群地区高速发展有着密切的联系。我省沿江城市带、南京和苏锡常都市圈的逐步形成，为国家推进长江经济带建设和苏南现代化建设示范区提供了支撑，为全国实现现代化积累经验和提供示范；沿海城镇轴的战略框架为国家推进江苏沿海大开发、连云港国家东中西区域合作示范区和连云港国家创新型试点城市等战略部署提供了支撑。可见，我省城市群战略不但支撑了国家战略的部署，还有效引领了我省省域空间战略的进一步实施，推动我省成为国家战略的密集区域，为全省实施新型城镇化战略打下了良好的基础。

三、以城市群为主体形态，推动江苏新型城镇化发展的思考

未来，我省将以《江苏省城镇体系规划（2014-2030）》为依据，推进以城市群为主体形态的新型城镇化战略，坚持因地制宜、差别发展，大力推动城市带、城镇轴和都市圈等城市群地区的建设，进一步优化全省城镇化空间格局，整合生产要素，优化资源配置，构建环境优美的生态安全格局，完善城市群治理机制，以此推动全省新型城镇化发展。

1. 强化规划引领，建设“对接国际，辐射国内”的城市群

坚持以《江苏省城镇体系规划（2014-2030）》为引领，按照“一带两轴，三圈一极”的“紧凑型”城镇空间结构（图 5），推动大中小城市和小城镇、城市群科学布局、合理分工、集约发展，将江苏建设成为经济高效、空间集约、环境优美、具有较强国际竞争力的城市群地区。

加快编制重点城镇化地区、特色发展地区的区域城镇体系规划，结合区位特征、资源禀赋和发展条件，推动不同区域的差别化发展。加快编制沿江城市带、沿海城镇轴和沿东陇海城镇轴等地区的城市群规划，注重合理引导生产要素向带轴地区集聚，积极推进转移人口市民化，促进工业化、信息化、城镇化、农业现代化同步发展，成为全省新型城镇化发展的重要空间载体。重点编制苏北水乡腹地城镇体系规划，积极探索全省点状发展地区的发展模式转型，推进苏北水乡腹地地区以转型跨越发展为主题，以差别化特色发展为主线，积极探索与创新苏北水乡腹地地区可持续发展的模式、路径和政策。

积极推进南京和徐州都市圈的规划修编工作，加强跨界地区的协调发展，提升特大城市的区域竞争力。南京都市圈规划要以宁镇扬一体化为基础，加快区域基础设施一体化步伐、构建具有较强国际竞争力和鲜明区域特色的现代产业体系，将南京都市圈建设成为全国主要的科技创

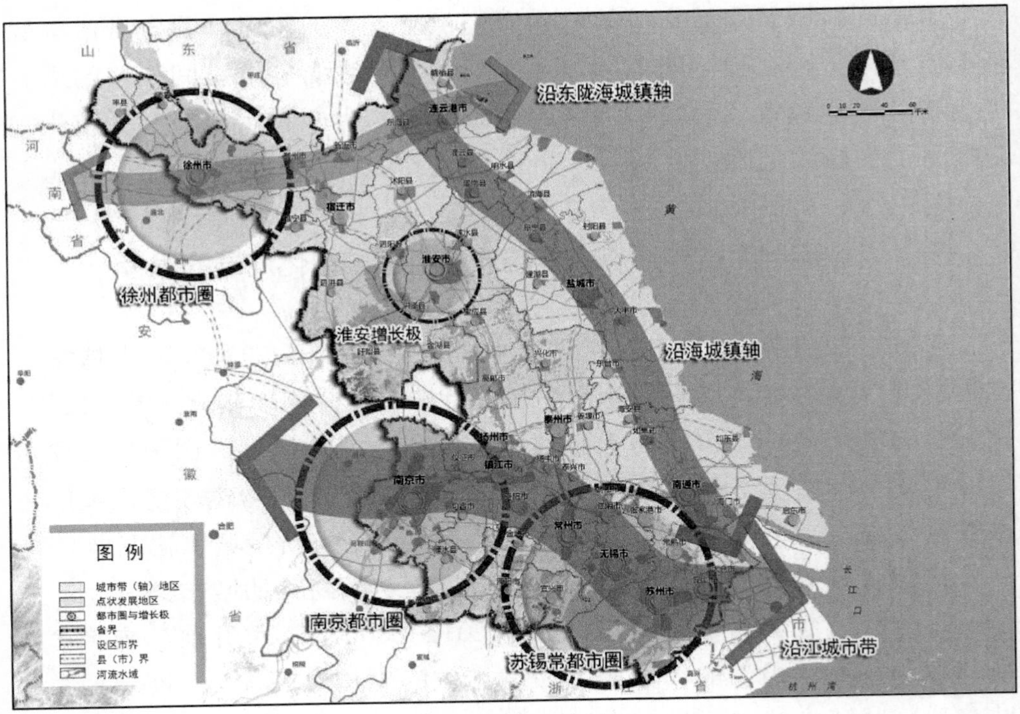

图 5　江苏省城镇空间结构规划图

新基地，长三角辐射中西部地区发展的枢纽和基地；徐州都市圈规划要重点研究如何接受长三角和环渤海经济区等地区的产业、技术扩散转移，突出核心城市功能，振兴都市圈经济，将徐州都市圈建设成为陇海兰新经济带的重要增长极，连接东部沿海和中西部地区的主要纽带。

积极推进苏锡常都市圈的规划修编工作，以全域空间规划理念，实现区域一体化发展。当前，苏锡常都市圈已呈现出都市连绵发展的态势，城乡区域空间管理错综复杂，未来要进一步加强苏锡常都市圈的区域空间管理，优化资源配置，统筹城乡，统筹建设用地和非建设用地。重点强化苏锡常都市圈的要素整合、分工协作和协调发展，加快该地区进城农民和外来人口的市民化，全面提升城镇化质量，结合上海转型发展契机，依托上海、服务上海，推动长三角一体化进程，将苏锡常都市圈建设成为在更高层次上参与国际分工的先导区、全国创新型经济、转型发展、现代化建设的先行区。

积极编制城市群地区专项规划，以专项规划落实城市群的具体建设行动。编制城市群轨道交通一体化规划，建立运行高效、开放便捷和安全有序的综合交通运输体系，重点关注交通枢纽地区的城市综合开发，以轨道交通搭建城市群建设的基本框架；编制城市群区域绿地规划，加强区域空间管制，落实生态红线管控要求，积极划定区域绿地和城市增长边界，保护城市群重要的生态用地，以此搭建城市群的区域生态安全格局；基于我省水网密集的地理特征，加快编制城市群“蓝道”规划，积极推进水环境治理，协调城市建设、港口产业布局、文化保护与水网的关系，构筑滨水空间体系和水上游线，建成一批具有不同特色的人文风貌区；开展风景路规划与建设工作，重点推进环太湖风景路、江苏省大运河风景路和古黄河风景路等项目建设，打造区域性复合通道，为居民提供低碳生态环保的休闲方式。

2. 促进差别发展，构建“带轴集聚、腹地开敞”的省域空间格局

坚持差别化的城镇化发展模式，按照“区域统筹、集聚集约、因地制宜、低碳生态”的原则，引导全省形成两大类发展空间。一是由沿江城市带、沿海城镇轴和沿东陇海城镇轴构成的城市群地区；二是由苏北水乡湿地和苏南丘陵山地为主要特征的点状发展地区，包括以淮安为中心的苏北腹地和江苏西南部的宜兴、溧阳、金坛、句容、溧水和高淳等县市区组成的苏南丘陵山地地区。利用不同地区的优势发展条件，统筹本地城镇化与异地城镇化，进一步提升城市带（轴）的集聚效益，促进产业集聚与人口集聚相协调，引导点状发展地区农村人口向中心城市及城市带（轴）地区有序转移，促进全省“带轴集聚、腹地开敞”区域空间格局的形成。

重点在空间、产业、设施和文化等方面体现差别发展的城镇化模式。在空间方面，城市带地区以都市连绵为特征，城镇轴地区主要体现城镇点轴发展，点状发展地区坚持区域空间开敞、城镇据点发展；在产业方面，城市带地区着重提升发展、优化产业门类和提高产业层次，城镇轴地区重点加快发展，积极发展先进制造业，点状发展地区坚持特色发展，优先发展现代农业、特色手工业等无污染工业和现代服务业；在设施方面，要针对不同地区的功能特点和市场需求，合理进行差异化的公共设施、基础设施配置，满足各类区域的现代化发展需求，实现基本公共服务均等，市场服务高效，生产服务先进；在文化方面，要突出地域文化特色、景观特色，形成现代文明和传统文化交相辉映、城市文化和乡土文化和谐共生的文化发展格局，丰富区域文化内涵和空间特色。

3. 坚持因地制宜，形成“高效集约、开放创新”的城市群

积极落实“一带两轴，三圈一极”的“紧凑型”城镇空间结构，引导生产要素向城市带和城镇轴地区集聚，促进空间资源集约利用。针对不同城市群所处的不同发展阶段，因地制宜，合理引导城市群建设。

沿江城市带要按照“整体有序，联动开发，开放创新，转型发展”的原则，以特大、大城市为主体，以产业提升和现代服务业发展为重点，优化产业门类、提高产业层次，建设成为长三角世界级城市群的北翼核心区，具有国际竞争力的都市连绵地区。

沿海城镇轴要针对沿海地区中心城市辐射带动力弱、港口功能有待提升等状况，加快建设临海港城、港镇、临港产业园，协调临海开发和保护，将沿海城镇轴建设成为江苏新型工业化地区，全面融入长三角地区一体化发展。

沿东陇海城镇轴要针对沿线地区经济社会发展水平不高、县域经济较弱、中部地区缺乏强有力的中心城市带动等问题，加快建设中心城市，强化与连云港港的联动发展，促进城镇沿轴集聚，大力发展沿线产业，加快城镇化和工业化的进程，将沿东陇海城镇轴建设成为全省新兴工业化地区、我国中西部地区的主要出海通道。

4. 提升设施水平，培育“设施共享，环境共保”的城市群

进一步强化基础设施共建共享，提升基础设施一体化水平。加快推进城市群综合运输大通道建设，支撑城市群空间拓展。沿江城市带地区要积极推进沿江城际、沪泰宁、宁启扩能改造（含二期）等铁路规划建设，推进锡通等过江通道规划建设，支撑和引导苏中与苏南地区融合发展；沿海城镇轴要重点推动沪通铁路、连盐铁路、宁盐高速、临海高等级公路、崇海通道等项目规划建设，促进沿海地区加快融入长三角核心区，形成南连沪浙闽、北接环渤海的沿海大通道；沿东陇海城镇轴重点推进徐连客运专线铁路规划建设，提升出海通道功能。

加快沿江沿海重要港口建设，沿江港口要加快实施长江南京以下12.5米深水航道建设和主要港口扩能改造，沿海港口重点以通州湾一流国际性海港建设为依托，整合江海港口资源，构建江苏长三角北翼干线港口群，打通沿海集疏运通道，提升江苏江海联运的能力与水平。

协同推进长江流域、环太湖、沿海等地区的水环境治理工作，合理进行城市型、产业型与生态型岸线开发利用，形成流域合理开发与空间科学布局的区域协调发展格局；全力推进区域大气污染防治，修订并公布应急预案，建成省级重污染天气监测预警系统。

5. 完善治理结构，搭建“层次分明，分工合理”的区域协调机制

加强对全省城镇体系规划、城市带（轴）、都市圈等城镇体系规划以及重要的区域专项规划实施的领导，加强省对城市间城乡规划建设重大问题的综合协调。建立实施规划的相邻地区协调管理机制，涉及跨行政区划范围的建设项目规划许可，应建立区域协调会办机制，征求相邻行政区域人民政府或者有关部门的意见。

建立以城市群统计区统计指标作为政府绩效评价标准的考核机制，从而增强城市群内部各城市协调发展的积极性，完善区域共治的协调机制，促进城市群在相关事务上的共同治理。以特定问题为导向强化城市群内部各城市间的合作，如跨界地区的断头路对接问题、京杭大运河历史文化保护问题、太湖和长江等生态环境治理问题，推动地方政府间合作，签订相关的合作框架和责任协议，从而有效解决环境、交通等问题。

完善多元主体的协作治理机制，鼓励学术界加强对城市群建设的基础理论研究，建立民间社团等非政府组织关于城市群的对话机制，拓宽公众参与协调城市群和社区事务的渠道，推动社会各界参与城市群建设。

创新投融资体制机制，发挥资金杠杆的作用。利用债券、基金等金融工具，如设立城镇化发展基金、城市群建设基金等，为区域性基础设施的建设提供资金保障；探索建立区域生态补偿、资源购买等制度。

本文原载《江苏建设》（都市圈与城市群）2014年第9辑

参考文献

[1] 江苏省人民政府，江苏省住房和城乡建设厅，江苏省城市规划设计研究院．江苏省城镇体系规划（2001—2020）[Z],2001.
[2] 江苏省人民政府，江苏省住房和城乡建设厅，江苏省城市规划设计研究院，江苏省城镇化和城乡规划研究中心．江苏省城镇体系规划（2014—2030）[Z],2014.
[3] 江苏省人民政府，江苏省住房和城乡建设厅，江苏省城市规划设计研究院，江苏省城镇化和城乡规划研究中心．苏南丘陵地区城镇体系规划（2014—2030）[Z],2014.

基于新型城镇化背景的镇村布局规划思考

江苏，早在2005就全面开展镇村布局规划工作，对于当时推进城市化进程和解决“三农”问题起到了积极的作用。但江苏的城市化进程和社会经济的持续高速发展，使得江苏的“三农”问题出现了许多新的情况，需要用新的视角来审视和解决新出现的问题。

2014年江苏启动了新一轮镇村布局规划，称作优化镇村布局规划，是在原有镇村布局规划的基础上，重点优化村庄布局规划。农村问题，看似简单，其实非常复杂，在此过程中，有大量的问题需要研究，本文是众多研究内容的一部分。随着研究的深入和扩大，整理撰写了《镇村布局规划探索与实践》一书（东南大学出版社出版）。

【摘要】 镇村布局规划是以自然村庄为研究对象的空间规划，科学合理的镇村布局规划有助于形成相对稳定的镇村空间体系，是新农村建设的基础，也是留住乡愁记忆的重要手段。本文梳理回顾了改革开放以来江苏省村镇建设和规划工作的实践历程，分析总结了新型城镇化对镇村布局规划的新影响和新要求，对江苏省推进优化镇村布局规划工作进行了系统的思考，以期对江苏全面完成镇村布局规划优化工作以及全国其他地区镇村布局规划工作的开展有所帮助。

【关键词】 新型城镇化；镇村布局规划；江苏省

一、引言

自然村庄是乡村地区的空间集聚单元，是农民生产生活的主要场所和乡土文化、乡村风貌的空间载体，科学合理的镇村布局规划有助于形成相对稳定的镇村空间体系，是新农村建设的基础，也是留住乡愁记忆的重要手段。在当前新型城镇化的背景下做好镇村布局规划工作，有利于推进城乡空间优化和土地综合整治，保护基本农田，加快农业现代化进程；有利于推进乡村集约建设，科学引导村民建房，避免过程性浪费；有利于引导公共资源配置和公共财政投向，促进城乡基本公共服务均等化；有利于促进农民就地就近就业，积极稳妥推进新型城镇化和城乡发展一体化[1]。

江苏历来十分重视镇村规划工作，改革开放以来进行了多轮以镇村为对象的规划实践。2014 年末，江苏全省常住人口约 7960 万人、城镇化率 65.2%①，根据《江苏省新型城镇化与城乡发展一体化规划（2014-2020 年）》，到 2020 年全省常住人口城镇化率将达 72%，意味着至 2020 年将有 600 ～ 700 万农民进城进镇，这种发生在城乡之间的大规模人口迁移，必然会导致整个城乡空间、镇村体系的变化，江苏的镇村布局规划工作将迎来前所未有的挑战。

二、改革开放以来江苏省村镇建设和规划工作回顾

纵观江苏改革开放后村镇建设走过的历程，大致经历了如下五个发展阶段[2]，适应不同阶段的村镇建设特点，呼应国家当时的政策要求，江苏针对性开展了符合江苏需求的村镇规划编制工作。

1. 农村建设恢复繁荣时期（1978 ～ 1985）

十一届三中全会后，家庭联产承包责任制推动了农村改革取得突破性进展，集中释放了长期压抑的农村社会生产力，农业生产迅速发展，

① 数据来源：2014 年江苏省国民经济和社会发展统计公报。

农民收入持续增长，农村建设从改革开放前停滞状态逐步恢复、繁荣，农民住房建设迅猛发展，出现了建国以来最大规模的建设高潮。为加强农房建设的引导，国家建设主管部门在1979年和1981年组织召开了两次全国农村房屋建设工作会议，在全国布置开展村镇规划工作，提出“全面规划，正确引导，依靠群众，自力更生，因地制宜，逐步建设”的方针。

根据国家的统一部署，1982年江苏组织编制了村镇规划，这对当时的村镇建设起到了一定的指导作用，结束了农房建设自发自流的状态，一定程度上规范了农房建设行为，基本解决了村镇规划的有无问题，但由于当时编制规划的时间紧、任务重，缺乏专业技术力量和必要的资料积累，因而规划质量和水平都不高。

2. 小城镇起步发展的村镇建设时期（1986 ~ 1991）

进入20世纪80年代中期后，乡镇企业异军突起，带动农村产业结构、社会结构快速转变，农村的非农生产要素开始向乡镇流动，主要的经济活动开始向乡镇集中。先前编制的村镇规划已经难以适应形势发展的需要，为此，原城乡建设环境保护部于1987年5月提出了以集镇建设为重点、分期分批调整完善村镇规划的工作部署。

1990年，江苏结合全省实际情况，呼应小城镇发展，提出以乡（镇）域为对象编制规划的工作要求[3]，主要任务是依据现状分析、目标预测和专项规划成果，对乡（镇）域镇村体系、工业发展、农业发展、交通、社会服务设施配套、基础设施、土地利用和环境保护等做出规划安排，以适应当时镇村发展的需求。

3. 小城镇建设为重点的村镇建设时期（1992 ~ 1996）

1992年后，国家从战略高度把小城镇建设作为村镇建设的重点，加强小城镇规划建设与管理。1993年、1996年召开的两次全国村镇建设工作会议都明确了以小城镇建设为重点的指导思想，小城镇的基础设施建设和投资环境明显改善，城镇功能不断充实，吸纳了大量农村的富余劳动力。小城镇的发展，推动了城镇化进程，带动了农村建设。农业生产效率极大提高，农村集体收入和农民收入显著增加，农村住房特别是基础设施和公用设施建设出现了一个新的建设高潮。

在这一发展阶段，伴随着乡镇企业的发展，江苏的小城镇发展十分迅猛、用地拓展迅速。为了处理好“建设”和“保护”的关系，江苏于1995年在全省推动开展了“两区划定”工作[4]，要求各乡（镇）确定镇、村建设用地和基本农田保护区空间布局。此项工作在解决农田保护与城乡建设的矛盾、协调经济发展与建设用地的关系、构建合理的村镇体系等方面取得了显著成效。

4. 以城市为主导的农村建设发展时期（1997～2002）

上世纪90年代末期，随着城镇化进程的不断推进，城市经济尤其是大城市的主导地位愈加突出，城市对人口和产业的集聚能力增强，成为城镇化发展的主要动力源，农村地区的生产要素和劳动力流入城市，要素资源的流失使得农村地区呈现出城市带动下的渐进发展。而这一时期，小城镇对农村的集聚作用相对下降，农村人口和部分乡镇企业向更有吸引力的大中城市转移，小城镇对周边农村地区人口和企业的吸纳与集聚作用下降，服务农村的能力消弱。

就江苏而言，2000年7月召开了全省城市工作会议，确定“大力推进特大城市和大城市建设，积极合理发展中小城市，择优培育重点中心镇，全面提高城镇发展质量”的全省城市化方针。在这一方针的指引下，大中城市成为城镇化的“主战场”，南京、苏州、无锡、扬州、淮安、常州、镇江等省辖市通过行政区划调整解决了“市县同城”问题，突破发展瓶颈，实现了中心城市的跨越式发展。同时，全省乡镇行政区划调整有序推进，全省乡镇总数从1998年底的1974个减少到2001年底的1348个[5]。结合乡镇行政区划调整，全省推动开展了新一轮的乡镇规划修编，重点关注了222个重点中心镇的总体规划编制[6]，为镇村地区的发展提供了规划依据。

5. 城乡统筹下的社会主义新农村建设时期（2003年至今）

党的十六大以来，“三农”工作明确作为全党全国工作的“重中之重”。十六届四中全会提出我国总体上已到了以工促农、以城带乡的发展阶段，十六届五中全会进一步做出了建设社会主义新农村的重大战略决策，十七大报告提出形成城乡经济社会发展一体化新格局的工作要求。这一系列重大战略的出台和逐步落实，推动我国经济社会向城乡统筹协调发展的道路迈进，农村建设事业进入到扎实稳步推进社会主义新农村建设，持续改善农村生态人居环境的新阶段。

2005 年，江苏针对当时全省自然村零散分布、乡村建设用地粗放和城镇总体规划重镇区、轻农村而引起的乡村建设及管理混乱无序等问题，在城乡统筹和新农村建设的时代背景下，在全国率先组织开展了以“适度集聚、节约用地、有利农业生产、方便农民生活”为原则的镇村布局规划编制[7]。其主要任务是以县（市）域城镇体系为指导，确定村庄布点，统筹安排各类基础设施和公共设施，为城镇化进程中的城、镇、村空间布局重组提供规划引导，至 2008 年末基本实现了镇村布局规划省域全覆盖。镇村布局规划实施以来，各地采取积极有效的措施推进乡村规划建设和村庄环境整治，通过引导农民居住的相对集中、村庄的适度集聚、基础设施的整合优化，大幅度提高了农村土地资源的集约利用水平，促进了乡村发展模式由分散到集聚、由粗放到集约的转变，促进人居环境改善与资源集约利用水平的同步提高，并为进一步更好、更快推动城乡统筹发展奠定了基础[8]。

三、新型城镇化对镇村布局规划的新要求

如果说传统城镇化更多关注点在城镇和工业建设的话，那么新型城镇化就是从城镇的单视角转向城镇和乡村协调发展的双视角，从工业推动的单一路径转向工业、服务业、农业互动发展的多重路径。因此，在新型城镇化的过程中，工作重点必然会逐步从大城市向中小城市（镇）和乡村转移，相关政策制定也将会更加关注乡村、关注农民。就镇村布局规划而言，在新型城镇化背景下应更加关注以下四个方面：

1. 农民市民化：积极稳妥推进城镇化，促进城乡发展一体化

2013 年中央城镇化工作会议指出：“城镇化是一个顺势而为、水到渠成的自然历史过程，要有序推进农业转移人口的市民化，避免指标化、大跃进式的城镇化发展”。2015 年中央 1 号文件也提出“要发挥好新型城镇化辐射带动作用，分类推进农业转移人口在城镇落户，保障进城农民工及其随迁家属平等享受城镇基本公共服务”。

城镇化必然带来城乡经济、社会、文化、空间的重构，镇村布局规

划作为乡村空间发展引导的规划依据，应准确把握城乡人口结构、劳动力就业结构变化趋势，注意与当地经济社会发展水平和城镇化、工业化进程相适应，加大公共资源向农村倾斜力度，城镇基础设施向农村延伸，社会公共服务向农村覆盖，城市生活方式向农村辐射，促进农业转移人口市民化和基本公共服务均等化。

2. 致富有出路：推动乡村产业发展，引导农民就地就近就业

党的十八大报告中提出："坚持走中国特色新型工业化、信息化、城镇化、农业现代化道路，推动信息化和工业化深度融合、工业化和城镇化良性互动、城镇化和农业现代化相互协调，促进工业化、信息化、城镇化、农业现代化同步发展"。新型城镇化要求"必须尽快从主要追求产量和依赖资源消耗的粗放经营转到数量质量效益并重、注重提高竞争力、注重农业科技创新、注重可持续的集约发展上来，走产出高效、产品安全、资源节约、环境友好的现代农业发展道路"[9]。

因此，新型城镇化与乡村产业相辅相成、共同发展。乡村产业崛起、农业现代化发展是新型城镇化建设的基础与根基，而新型城镇化的快速推进也可以反过来解放农村被束缚的生产力，有效带动和引领农村劳动力转移和产业升级，促进农业适度规模经营和农业专业化、标准化、规模化、集约化生产[10]。镇村布局规划应当统筹城乡发展，综合考虑经济发展、社会服务、文化传承和乡村空间等要素，关注农村产业发展对乡村地区生产、生活空间的影响，为农业现代化、乡村旅游、传统手工业等产业发展创造空间条件，保持乡村发展动力，让留下来的农民能够就地就近就业致富。

3. 乡愁有所寄：保护和培育乡村特色，留下乡愁记忆

2013 年中央城镇化工作会议提出：要让城市融入大自然，体现"尊重自然、顺应自然、天人合一"的理念，延续城市历史文脉；让居民"望得见山、看得见水、记得住乡愁"；同时强调要"保留村庄原始风貌，慎砍树、不填湖、少拆房，尽可能在原有村庄形态上改善居民生活条件"。而据国家统计数据显示，2000 年中国有 360 万个自然村，到 2010 年减少到 270 万个。10 年间，90 万个自然村消失，相当于每天有将近 300 个自然村在消失，随之消失的也是众多人对乡愁的记忆[11]。乡愁记忆是建立在乡村原有空间形态基础上的，城镇的扩张不但令许多自然村落逐渐消失，更重要的是乡村空间特色和文化积淀也在逐步丧失。

镇村布局规划要充分尊重农民生产、生活习惯和乡风民俗，保持完整的乡村社会结构，增强乡村发展活力，尽可能在原有村庄形态和肌理上改善居民生活条件，注重挖掘培育和保持乡村自然和人文环境的原真性，彰显村庄的特色，保护好乡土文化和乡村风貌，让乡愁有所寄。

4. 权益有保障：遵循村庄发展规律，尊重村民意愿

村庄的建设发展是一个长期的过程，若干年的实践证明，项目带动拆迁、建设集中居住区的模式在当前土地资源紧张、资金紧缺等现实条件下已经难以为继。因此，要坚决避免不切实际的大拆大建、迁村并点、赶农民“上楼”等现象。2014 年中共中央国务院在《关于加快发展现代农业进一步增强农村发展活力的若干意见》中提出：“农村居民点迁建和村庄撤并，必须尊重农民意愿，经村民会议同意”“不得强制农民搬迁和上楼居住”。同年，江苏省委、省政府发布的《关于全面深化农村改革深入实施农业现代化工程的意见》也再次强调“在农民集中居住点建设和村庄环境整治中，尊重农民意愿，不强行撤并村庄、赶农民上楼”。

因此，在新型城镇化的时代背景下，镇村布局规划的优化调整应当坚持以积极稳妥推进新型城镇化、促进城乡发展一体化为导向，充分尊重乡村发展规律，深入了解村民意愿，调动村民参与规划的积极性，赋予村民更多的规划“话语权”，促进乡村健康发展。

四、江苏省优化镇村布局规划的思考

2005 年江苏开展的全省镇村布局规划工作，为统筹城乡基础设施和公共服务设施建设、引导农民建房和规范规划管理等提供了重要依据，较好地指导了全省镇村体系规划布局。但随着近年来经济社会快速发展和城镇化、城乡发展一体化深入推进，城乡关系和乡村发展环境发生了较大变化。为了适应新形势和新要求、应对新情况和新问题，江苏于 2014 年初启动了全省镇村布局规划的优化工作，并综合考虑经济社会发展阶段、地区特征、乡村特点等因素，在全省范围内选择11个县(市、区)开展规划试点工作，2014年底前所有试点单位均已完成了规划编制、批准和备案工作。

本轮镇村布局规划优化的基本任务是：在现状分析与上轮规划实施评估的基础上，对自然村庄进行分类，结合原有形态进一步优化镇村布局，合理确定规划发展村庄，明确乡村发展的空间载体，提出差别化的建设引导要求，明确配套设施建设标准，为加快农业现代化进程、推进乡村集约建设、引导公共资源配置和公共财政投向、促进城乡基本公共服务均等化提供规划依据[12]。此次镇村布局规划优化工作是原有规划工作的延续，是在总结以往经验教训基础上、呼应新形势和新要求的优化提升，在思路和方法上较以往有所改进和完善，具体体现在以下方面：

1. 规划对象：以自然村为细胞单元，实现全域覆盖

“村庄”是一个较为综合和宽泛的概念，具有不同层面的内涵，既可以指代社会管理序列的“行政村”，亦可以指代相对独立的空间单元“农民聚居点”，当然也可以指代以宗族、血缘关系等为纽带、空间上由一个或多个“农民聚居点”组成的“自然村”。在以往的镇村布局规划中，对规划对象并没有十分清晰的界定，导致各地实际操作过程中对“村庄”的理解不一、统计口径差异较大，以至于规划成果千差万别，规划的指导作用大打折扣。

为了进一步明确规划对象、规范统计口径，提高规划的针对性和可操作性，本次全省镇村布局规划优化工作明确提出以“自然村”为研究对象，要求以自然村为细胞单元、覆盖县（市、区）全域空间。选取自然村作为镇村布局规划的研究对象，兼顾了规划的空间属性和乡村发展的文化属性，既便于规划管理，也有利于乡村文化传承和特色彰显。同时，由于自然村一般都有一个历史流传下来的名字，也便于数量统计和登记造册，为后续的分类实施政策制定奠定了基础。江苏地域辽阔，经济社会因素、地形地貌特征、乡风民俗特点等的差异导致各地自然村的形成基础、发展脉络、空间形态等存在较大不同，甚至单个县（市、区）内部不同地区的自然村内部和自然村之间也存在多种空间布局形态（图1、图2），尚难形成统一的“自然村”判定标准，需要各地结合自身发展

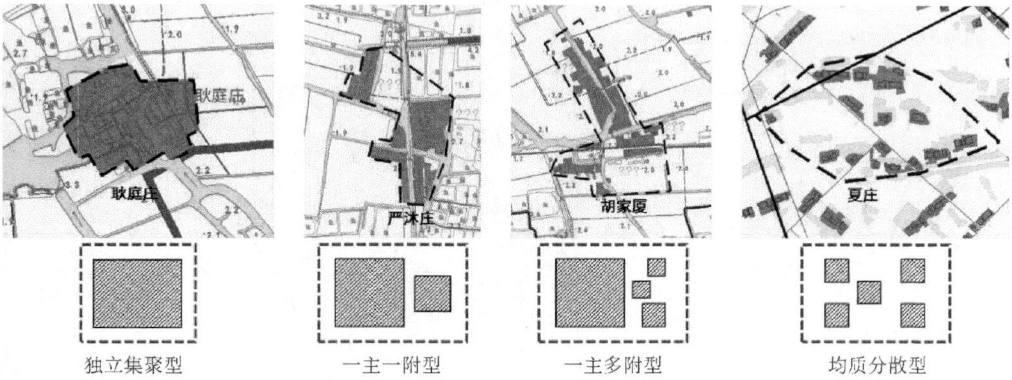

图 1　自然村内部居民点空间关系示意图（以高邮市为例）

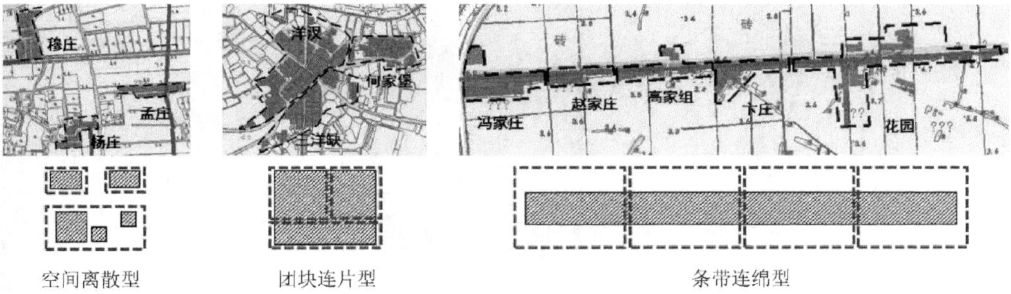

图 2　自然村之间空间关系示意图（以高邮市为例）

特征在镇村布局规划中予以重点关注。

2. 村庄分类：突出发展导向，因地制宜确定规划发展村庄

村庄分类是镇村布局规划的核心任务。在新型城镇化的背景下，镇村布局规划应当更加综合考虑乡村地区的产业、空间、社会、文化、生态等因素，实现乡村的活力提升和健康发展。基于此，本轮镇村布局规划优化提出“以发展为导向”的村庄分类方法，将现状所有的自然村庄分为规划发展村庄和一般自然村庄（图 3）。

规划发展村庄中根据发展类型不同可分为重点发展和特色发展两类，简称重点村和特色村。重点村和特色村的差别在于其各自所承载的功能有所不同。重点村承载着为一定范围内的乡村地区提供公共服务的功能，其布局需要考虑乡村地区的公共服务覆盖情况；特色村则不承担综合服务功能，但需要在产业、文化、景观、建筑等方面有突出特色，

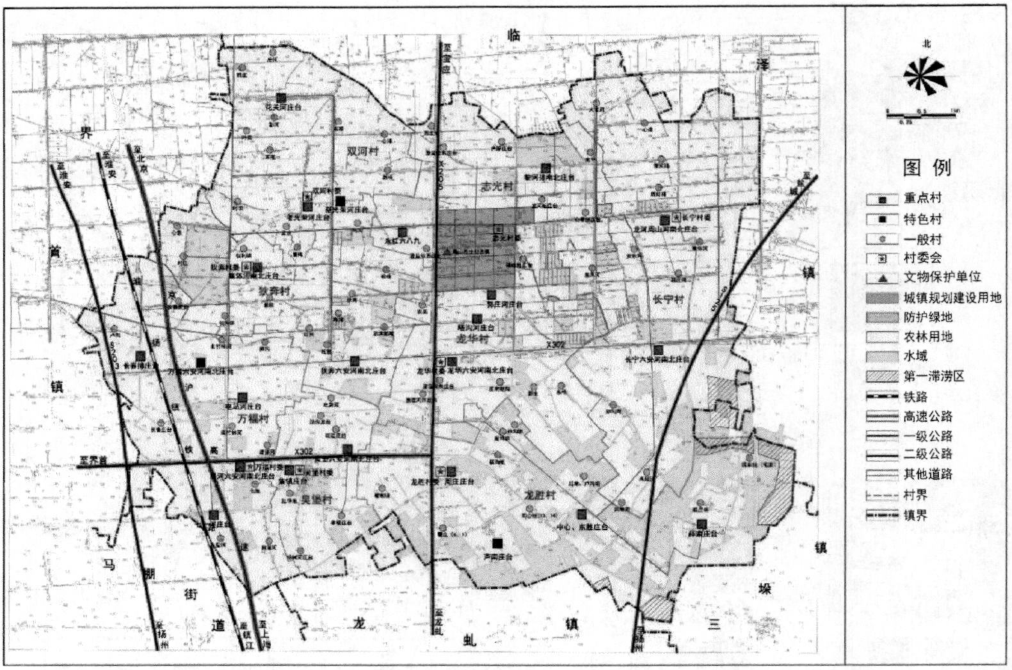

图3 高邮市某镇镇村布局规划示意图[13]

或者具有可以培育特色的潜力，承载着彰显乡村魅力的重要功能。

一般自然村庄是指未列入近期发展计划或因纳入城镇规划建设用地范围以及生态环境保护、居住安全、区域基础设施建设等因素需要实施规划控制的村庄，是重点村、特色村以外的其他自然村庄。一般村未来如果出现新的发展机遇，满足了规划发展村庄的条件，也可适时优化调整为重点村或特色村。从江苏全省层面来看，重点村、特色村和一般村的确定应当遵循一般性原则，见表1，在具体操作过程中各地还应结合地方实际和发展需求提出本地化的选取标准。

3. 配套设施：基本公共服务均等化供给，设施分类差别化布局

在推进新型城镇化和城乡一体化发展的进程中，城乡公共服务体系的建立应遵循基本公共服务均等化供给和设施分类差别化布局两个基本导向。基本公共服务均等化体现了对城乡居民基本生活权益的保障，设施分类差别化布局则体现“按需配置”的规划引导和调控思路。因此，规划应建立“服务全面覆盖、设施按需配置”的乡村公共服务体系，在

表 1 规划发展村庄、一般自然村庄的一般性选取原则[12]

村庄分类	一般性选取原则
重点村	➢ 现状规模较大的村庄； ➢ 公共服务设施配套条件较好的村庄； ➢ 具有一定产业基础的村庄； ➢ 适宜作为村庄形态发展的被撤并乡镇的集镇区； ➢ 行政村村部所在地村庄； ➢ 已评为省三星级康居乡村的村庄。
特色村	➢ 历史文化名村或传统村落； ➢ 特色产业发展较好的村庄； ➢ 自然景观、村庄环境、建筑风貌等方面具有特色的村庄。
一般村	➢ 位于地震断裂带、滞洪区内，或存在地质灾害隐患的村庄； ➢ 位于城镇规划建设用地范围内的村庄； ➢ 位于生态红线一级管控区内的村庄； ➢ 位于铁路、高等级公路等交通廊道控制范围内的村庄； ➢ 区域性基础设施（如变电站、天然气调压站、污水处理厂、垃圾填埋场、220kV 以上高压线、输油输气管道等）环境安全防护距离以内的村庄。

城镇化进程中引导有限的公共财政投入发挥最大的效应，同时也有利于引导乡村人口流动，促进乡村建设提高集约化水平。

具体而言，“重点村”应作为城镇基础设施向乡村延伸、公共服务向乡村覆盖的中心节点，规划配置能够辐射一定范围乡村地区的、规模适度的管理、便民服务、教育、医疗、文体、农资服务、群众议事等功能建筑和活动场地，引导建设完善的道路、给排水、电力电信、环境卫生等配套设施，培育建设“康居村庄”（星级康居乡村）（表 2）。“特色村”应在既有村庄特色基础上，着力做好历史文化、自然景观、建筑风貌等方面的特色挖掘和展示，发展壮大特色产业、保护历史文化遗存和传统风貌、协调村庄和自然山水融合关系、塑造建筑和空间形态特色等，并针对性地补充完善相关公共服务设施和基础设施，避免“贪大求全”，引导建设“美丽村庄”。“一般村”应通过村庄环境整治行动，达到“环境整洁村庄”标准，村庄环境整洁卫生，道路和饮用水等应满足居民的基本生活需求。

表 2　金坛市某镇重点村公共服务设施配套一览表（示意）[14]

行政村名称	规划发展村庄	设置内容										
		村委会	警务室	小学	幼儿园	卫生室	老年活动室	文化设施	体育健身设施	农贸市场	商业金融服务设施	公交站台
五叶	北庄	—	—	—	—	—	★	—	★	—	—	—
	叶兴	—	—	—	—	☆	★	—	★	—	—	—
	峙玕	—	—	—	—	☆	★	—	★	—	—	—
	蒋家桥	★	★	★	★	★	★	★	★	★	☆	★
湖头	鸥渚	★	★	—	★	★	★	★	★	★	☆	★
……												
柚山	徐家	★	★	★	★	★	★	★	★	★	☆	★

注：“★”表示必须设置的公益性基本公共服务设施项目，其相应标准为刚性规定。“☆”表示为经营性基本公共服务设施和可选择设置（或可空间复合利用）的设施项目，其相应标准为弹性要求。

4. 数量规模：遵循乡村发展规律，不设数量、规模、实施期限要求

本轮镇村布局规划优化的基本任务是对现状自然村庄进行分类，合理确定规划发展村庄，提出差别化的建设指引要求。在村庄分类的过程中，要充分尊重各地经济社会发展阶段和乡村发展客观规律，坚持因地制宜、因村制宜，按照“村酝酿、镇统筹”的工作方法选取规划发展村庄，对重点村和特色村的数量、人口集聚规模以及规划实施期限等均不设特定的要求，根据地方实际情况和镇村建设需要，成熟一批、公布一批。

从部分试点城市上报数据分析来看，各地确定的规划发展村庄占现状全部自然村庄的比例大致在 15% ～ 30% 之间（图 4），重点村占规划发展村庄的比例大多在 90% 以上（图 5），这与各地经济社会发展阶段、城镇化水平、乡村发展思路等的差异有关，也从侧面印证了本轮镇村布局规划对规划发展村庄不设数量和规模限制、因地制宜确定的思路。

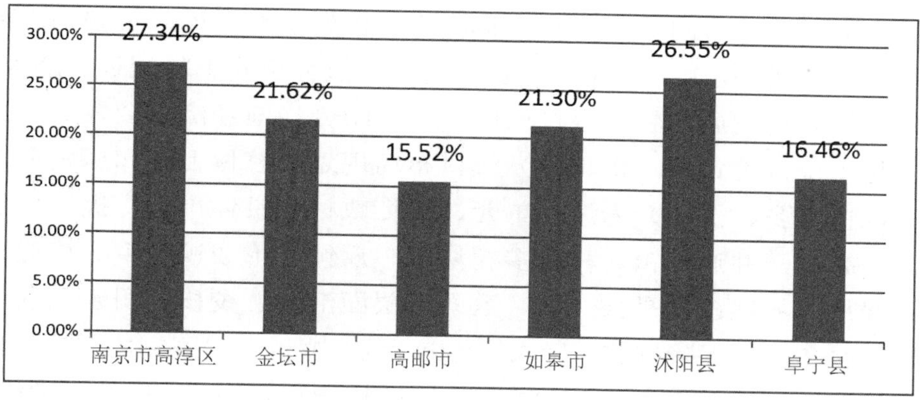

图 4　部分试点县（市、区）规划发展村庄占全部自然村比例 [15]

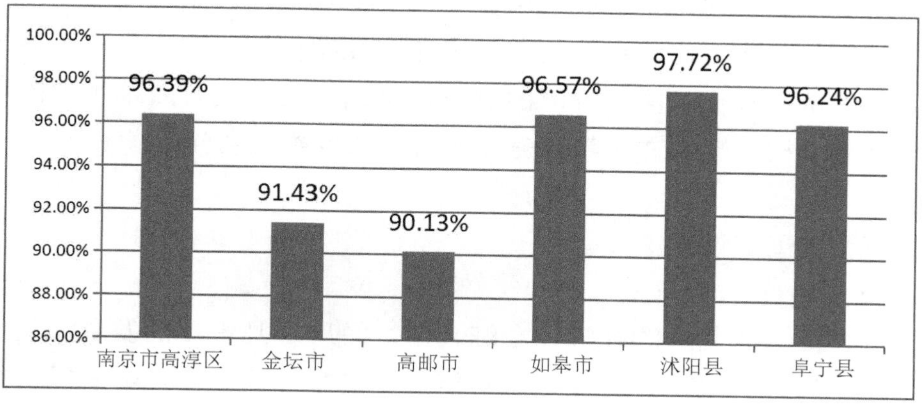

图 5　部分试点县（市、区）重点村占规划发展村庄比例 [15]

5. 工作方法：自下而上与自上而下相结合，多级联动、村民参与

镇村布局规划以空间为主要规划内容，关系到乡村的经济、社会、文化、管理等多个方面，涉及县（市、区）、镇（乡、街道）、行政村等各个层级，最重要的是与广大村民的切身利益休戚相关。随着依法治国理念的深入人心，镇村布局规划需要非常注重编制过程的合理合法，要按照“村级酝酿、乡镇统筹、市县批准”的程序推动工作。只有做到了规划编制过程的合理合法，规划实施操作才具有强有力的法理依据和保障。

结合试点城市的规划编制经验，笔者认为镇村布局规划编制大致可以分为以下四个步骤：一是通过乡村现状调查分析和上轮规划实施评估，准确把握乡村发展现状和存在问题；二是结合当地经济社会发展阶段和城镇化进程，确定县（市、区）镇村布局规划的总体目标和原则要求；三是以镇（乡、街道）为编制单元、以行政村为具体单位，提出自然村的分类方案，并通过镇、村的多轮协调、反馈，形成镇（乡、街道）镇村布局规划方案；四是县（市、区）域层面汇总、校核，明确差别化的建设指引和政策保障措施，形成县（市、区）镇村布局规划成果（图6）。

规划编制过程中要建立“自下而上”和“自上而下”的反馈协调机制，要重视村民参与、充分尊重村民和“村两委”的意见和建议，发挥规划师全程参与过程中的技术分析、情景模拟、辅助决策的作用，多一些“接地气”的沟通交流，少一些“任务性”的行政推动，确保规划的科学性和操作性。事实上，与村民的深入交流和互动协商过程也是一个深入了解农村经济、社会、文化发展的过程，可以帮助规划有效地规避因村庄内部社会结构、家族文化等的差异所引发的各类社会问题。

五、结语

乡村是一个复杂的经济社会综合体，经历了几千年的发展演变，呈现出复杂性和长期性的特征。城乡作为“生命”共同体，随着经济社会的不断发展、城镇化进程的不断推进，城乡关系不断地发生着变化，乡村发展也面临着各种具有时代性和阶段性的问题和挑战。当前，新型城

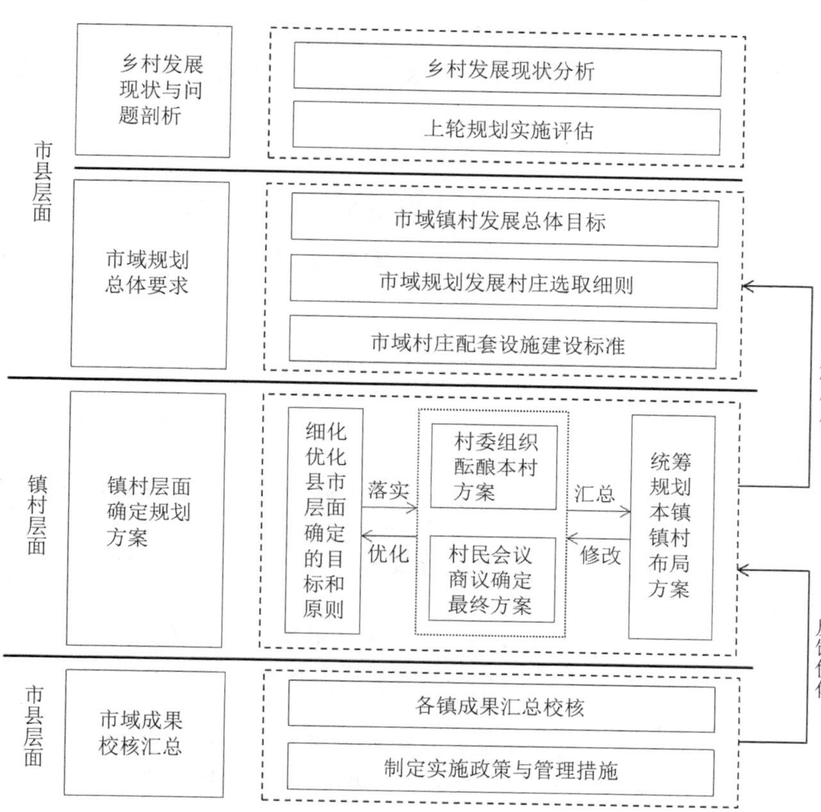

图 6　镇村布局规划一般性技术路径示意图

镇化是一个大的时代背景，让进城进镇的农民实现市民化，让留下来的农民安居乐业、幸福生活，即是时代赋予的重要任务。

镇村布局规划本质上是空间规划，研究对象是自然村，规划主要目的是确定规划发展村庄，明确乡村发展空间载体，并制定相应的实施管理政策。镇村布局规划编制和实施过程中，涉及技术性和政策性两种因素，规划技术上的村庄分类过程很重要，需要因地制宜、上下反馈、听取基层声音，但更重要的是基于分类后的土地整理、产业发展、设施配套、农民建房等政策的制定，这是影响村庄未来发展的本质性因素，因此各地应在制定和落实配套实施政策上给予更多的关注和思考。

镇村布局规划不是一蹴而就、一劳永逸的阶段性工作，而是一个不断优化调整、持续更新的连续性过程，要建立动态优化和长效管理的实施保障机制，只有这样才能保证镇村布局规划的科学性和适应性，才能保持乡村特色和乡村发展活力，才能真正实现乡愁有所寄，促进乡村地区健康发展。

本文原载《江苏城市规划》2015 年第 1 期

（本文作者还有赵毅、吕海、张飞等）

参考文献

[1] 江苏省人民政府办公厅．省政府办公厅关于加快优化镇村布局规划的指导意见[R].2014.

[2] 住房和城乡建设部村镇建设司．中国村镇建设 30 年——改革开放 30 年农村建设事业发展历程 [R].2008.

[3] 江苏省建设委员会．江苏省编制乡（镇）域规划技术要点 [R].1990.

[4] 江苏省人民政府．省政府关于认真做好村镇规划编制工作的通知(苏政发 (1995)81 号)[R].1995.

[5] 蒋书明．江苏乡镇经济发展指标体系及评价分析 [J]. 江苏统计 ,2003(6).

[6] 江苏省人民政府．省政府关于推进小城镇建设加快城镇化进程的意见（苏政发〔2000〕36 号）[R].2000.

[7] 江苏省住房和城乡建设厅．关于印发《推进全省镇村布局规划编制工作方案》和《江苏省镇村布局规划技术要点》的通知(苏建村〔2005〕125 号)[R].2005.

[8] 周岚等．集约型发展——江苏城乡规划的新选择 [M]. 北京：中国建筑工业出版社，16–17.

[9] 中华人民共和国国务院．关于加大改革创新力度，加快农业现代化建设的若干意见 [R].2015.

[10] 房健．新型城镇化背景下我国农业保险发展的困境及对策分析 [D]. 四川：西南财经大学 ,2013:39–40.

[11] 张孝德．生态文明视野下中国乡村文明发展命运反思 [J]. 行政管理改革 ,2013(3):27–34.

[12] 江苏省住房和城乡建设厅．省住房城乡建设厅关于做好优化镇村布局规划工作的通知 [R].2014.

[13] 江苏省住房和城乡建设厅城市规划技术咨询中心．高邮市镇村布局规划 [R].2014.

[14] 江苏省住房和城乡建设厅城市规划技术咨询中心．金坛市镇村布局规划 [R].2014.

[15] 江苏省住房和城乡建设厅．江苏省 11 个试点县（市、区）镇村布局规划备案成果 [R].2014.

江苏省城市规划学会2015赴台交流访问报告

应台北市都市计划技师公会邀请，江苏省城市规划学会交流考察团一行13人于2015年6月23日至29日赴宝岛台湾进行了短期交流考察。那次访台考察的重点是综合交通、地下空间利用、历史文化保护利用、乡村发展等内容。交流考察团实地参观了台北、台南等城市的规划建设，并先后与台北市都市计划技师公会、中兴工程顾问公司、成功大学都市计划系、台南市规划机构的有关专业人员进行了座谈交流。7天的交流考察时间虽短，对台湾的了解也难言全面，但所见所闻、所思所感对江苏的城乡规划建设工作仍有很多启发。当时，根据交流考察团各位团员的考察报告，综合整理成文，与同行分享。

一、台湾概况

台湾地区位于中国大陆东南海域，包括台湾岛、临近属岛、澎湖列岛等80多个岛屿，陆地总面积约3.6万平方公里。台湾岛山水资源丰富，高山和丘陵面积占2/3以上，平原不足1/3，主要集中于西部沿海地区。至2013年末，台湾地区总人口约为2337万人，人口密度达646人/公里^2，低于同期江苏省774人/公里^{2}的水平。20世纪70年代以来，台湾经济得到了持续发展，经济年增长率一直保持在10%左右。至2013年末，台湾地区生产总值（GDP）为4891.32亿美元，人均生产总值（GDP）达21558美元，远高于同期江苏省12191美元（合人民币74607元）的水平①。

伴随着经济的不断发展，台湾地区城市数量不断增加并逐步形成了较为完善的城镇体系。1950年代初，台湾地区还是一个典型的农业社会，除台北市人口超过50万以外，其余仅有6个城市人口在10万以上[1]。经过50多年的发展，台湾地区城市格局发生了巨大的变化，形成了由直辖市、省辖市和县辖市组成的三级城镇体系格局，并随着人口集聚逐步形成以台北、高雄和台中为核心的三大都市区。

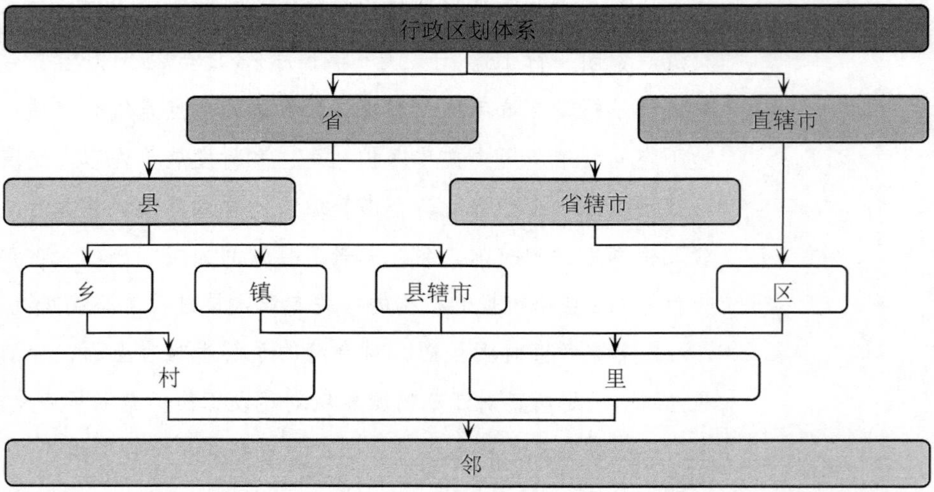

图1　台湾地区行政区划体系示意图[2]

当前，台湾地区行政区划体系采用“省—县、省辖市—乡、镇、县辖市、区”与“直辖市—区”并行制[3]。值得指出的是，与大陆“行政村制度”不同，台湾地区当前采用“村里制度”，乡以内的编组为“村”，镇、县辖市及区以内编组为“里”“村、里”以内编组为“邻”[4]。“村、里”作为地方自治团体中最基层的行政编组，是台湾地区推动富丽乡村建设、发展乡村经济的主要空间单元。

① 数据来源于《台湾统计年鉴2014》和《江苏统计年鉴2014》

二、综合交通

经过 40 余年的快速发展，目前台湾地区的城市建设已进入相对稳定阶段，轨道交通、高快速路等重大交通设施的建设步伐相对放缓。依托人口分布与地形地貌特征，区域交通呈现出带状发展的格局，区域客运交通方式仍以公路运输为主，其次为航空运输，铁路运输发展相对滞后。城市交通层面，由于城市扩张动力不足，转而更加注重对现状建成区内交通问题的解决。针对目前城市交通出行模式和运行状况，台湾地区城市更多的是采取精细化的交通设计与管理手段，从细节入手，出行品质不断优化、运行效率和服务水平不断提升，其中许多方面值得我们借鉴。

1. 多样化的公共交通服务

虽然台湾地区多数城市私人机动化出行仍占据主体地位，并且不断对公共交通形成冲击，但各级政府依然积极推行公共交通优先发展措施。一方面努力构建多层次的公共交通体系，另一方面坚持以人性化、多样化和智慧化为导向的公共交通服务理念，力求最大化满足各层级功能组团联系和多样化出行需求。以台北市为例，目前已经形成由轨道交通（大众捷运系统）、猫空缆车、常规路面公交以及小型巴士等构成的多层次公共交通体系，其中，城市轨道交通线网规模达到 129 公里，日客运量

图 2　台北捷运系统与猫空缆车实景图片②

② 资料来源：台北市交通局．台北捷运营运状况．2015. http://www.dot.gov.taipei/

超过 200 万人次[3]，整体公交出行比例也达到了 37%[4]，位居全岛首位。

为了最大程度的保障路面公交通行效率，各地结合自身交通出行状况，制定了一系列公交优先策略。从 1997 年起，台北市陆续在信义路、仁爱路、松江路、新生南路、南京东路、罗斯福路等 11 条道路开辟了公交专用道。考虑到摩托车多集中在外侧机动车道和慢车道行驶的特点，为了最大程度的保障地面公交行驶不受干扰，公共汽车专用道大多设置在快车道的内侧，其中信义路、仁爱路采用私家车单行、公交车双向行驶的设置方式，同时在公交车运行过程中安排信号优先。

图 3　台北市公交专用道设置（硬隔离和路面划线设置）实景照片

公交收费层面，台湾地区采取了非常灵活的收费政策与优惠制度，大大提升了公交出行的便捷性和吸引力。全力打造一卡通出行，以“悠游卡”为载体，可应用于所有的公共交通出行（区域铁路、捷运、BRT、路面公交以及公共自行车）以及缴纳停车收费、便利店消费等，同时不同出行方式之间可以享受换乘优惠。

2. 精细化的城市交通设计

由于台湾地区气候条件、地形地貌、城市尺度以及管理体制等特征，使得摩托车快速发展并逐步成为城市最主要的机动化出行工具之一，然

③ 资料来源：维基百科 https://zh.wikipedia.org/w/index.php?title=%E8%87%BA%E5%8C%97%E6%8D%B7%E9%81%8B&redirect=no

④ 资料来源：台湾“交通部”统计处，民众日常使用运具状况调查，摘要分析，2014 年.

图 4　交叉口渠化设计及摩托车提前等待区实景照片

图 5　“X 形”慢行过街通道设计实景照片

而现状城市道路并没有为摩托车设计独立的路权空间，这使得摩托车出行方式成为降低道路通行能力的重要因素之一。为优化道路交叉口的通行能力，台湾地区城市在交叉口渠化设计中采取了针对性措施，例如划设独立的摩托车转向等待区，即摩托车在路口等待信号时的停车线提前于其他机动车，并在人行过街横道线前，划出专用停车区位，而且在摩托车左转时走二次信号，从而使得在信号控制的每一个周期内绿灯时间摩托车能迅速通过、清空路口，极大提高了交叉口通行能力。这种交通设计与管理手段对大陆和我省一些摩托车（电动车）出行规模仍然较大的城市具有一定的借鉴意义。

另外，交叉口管理标线的划设也充分考虑行人与机动车流时空分布特征，在城市核心区根据过街行人客流规模增设“X 形”过街斑马线，提升行人过街效率。

3. 富有特色的慢行交通

为提升城市品质，满足全民健身和旅游休闲需求，城市慢行交通系统的打造逐步成为台湾地区城市交通系统建设的重要任务。以台北为例，近几年通过健身绿道、滨水绿道的建设，自行车专用道规模已达 390 公里[⑤]。绿道建设在保证慢行系统连续性的同时，强调对旅游景点和公共服务的串联。除此之外，城市公交系统与慢行系统的衔接也良好，台北市在市区捷运站出口及重要城市公交站点均设有自行车租借点，并与慢行交通体系串联，成功实现了“以良好的慢行系统延伸公共交通系统服务”的目的。

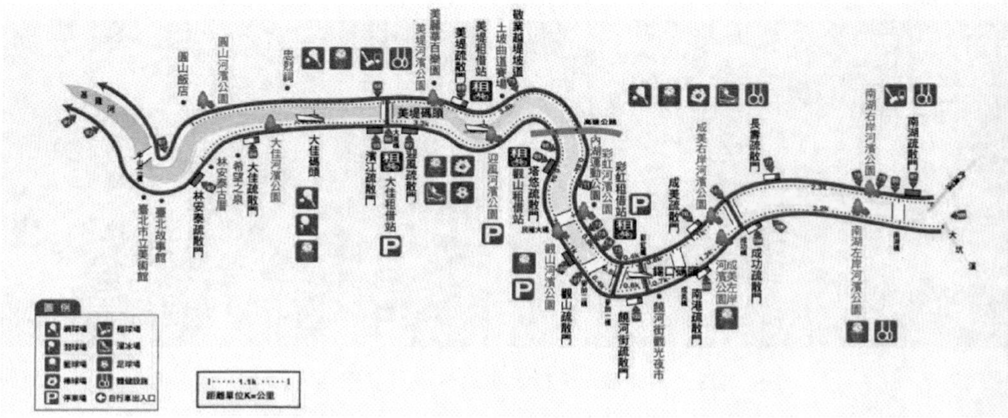

图 6　基隆河岸滨水自行车道及配套设施[⑤]

图 7　台北公共自行车租借站以及独立的自行车道实景照片

---

⑤ 资料来源：台北旅游观光局．台北市河滨自行车道．2015.
http://www.tpedoit.gov.taipei/

4. 灵活的以静制动手段

由于私人机动车保有量非常高，停车问题日益突出。针对这个问题，台湾地区城市按照“充分挖潜、抑制需求、动静协调”的方针，充分挖掘城市高架桥下、街角绿地等空间兴建路外公共停车场、合理划设路内停车泊位，同时鼓励民间投资兴建停车场。在停车收费模式上，由于台湾地区土地私有制模式，停车收费采取政府指导与市场化运营相结合的收费策略，路外停车场费率在一定幅度范围内可由业主自由制定，一方面保证停车场投资者的收益，另一方面以价格为杠杆调节车辆使用水平。

图 8　台北市高架快速路下空间立体停车场及路内停车泊位实景照片

三、地下空间开发利用

台湾地区城市地下空间的开发利用，源自 1950 年代，初期主要用途是防空避难。1990 年代以后，台湾地区城市地下空间开发利用进入高峰期，主要有捷运系统、地下街、共同管道（市政管廊）等。当前，伴随着台北市续建第二阶段捷运系统，高雄也开始建设捷运系统，新一轮地下空间开发利用工作逐步展开。作为地下空间利用的一种重要形式，台湾地区的共同管道自 1990 年起始建，主要依附于城市交通干道、地铁（捷运）、新市镇开发、都市更新等建设。共同管道的建成，在提升城市生活质量，统筹各类市政管线建设，加强道路管理，维护交通安全及市容观瞻等方面都发挥了重要的作用，有效遏制了沿线地区“拉链马路”等现象。但是共同管道具有建设造价高、对市民生活影响大、工程建设难度大等特点，导致其建设进展较慢，目前台湾地区的共同管道尚未形成系统网络，只是在核心城市局部路段和地区发挥作用。总体来讲，通过几十年的探索，台湾地区在地下空间特别是共同管道建设方面摸索出了一套较为成熟的建设思路，值得我们借鉴。

1. 因地制宜、理性对待

城市规模、经济社会发展阶段、地质条件等的差异，直接决定了城市地下空间开发利用的数量规模、功能需求、质量水平、结构形态。因此，城市地下空间的开发利用应因“城”制宜、理性对待，切勿头脑发热、盲目攀比。目前台湾地区地下空间开发充分意识到这一点的重要性，针对不同层级城市需求，较为理性地开展了地下空间建设工作，这为我省苏南、苏中、苏北不同经济发展水平地区进行城市地下空间利用提供了经验借鉴。

城市规模较大、经济社会发展水平较高、有轨道交通建设需求的城市，如台北市和高雄市，综合考虑了轨道交通、城市中心体系布局等因素，形成以网络化布局和复合功能利用为特征的地下空间利用体系；城市规模中等、经济社会发展水平一般、地质条件允许的城市，如新竹市和基隆市，目前主要结合城市中心体系布局，形成了以点状跳跃式布局和相对单纯功能利用为特征的地下空间利用态势；城市规模、经济发展水平、地质条件等因素不允许或是不需要大规模开发地下空间的城市，如南投市，主要是满足基本的人防和地下停车需求。

2. 综合利用、功能复合

从节约资源、改善环境、服务民生等角度来看，地下空间的综合利用是大势所趋。台北市在新城区的建设和旧城区的再开发过程中，建设了不同规模的地下综合体。同时，综合化还表现在地下步行道系统和地下快速轨道系统、地下高速道路系统的结合，以及地下综合体与地下交通换乘枢纽的结合。除此之外，综合化表现在地上、地下空间功能既有区分，更有协调发展的相互结合模式。

以台北市地下空间功能复合利用为例，其地下商业业态选择充分考虑了流动人群成本效益比以及周边大型社区居民生活需求等因素，灵活设置商业、休闲、娱乐、便民服务等业态形式，形成了功能复合的地下商业空间。同时，为保障地下商业空间的有序运营和可持续发展，台北市引入“政府 + 经营管理公司”的管理模式：一种是政府自己经营，另一种是委托专业的经营管理公司进行经营。在这种模式下，政府不仅拥有监督权，且能对经营方针与绩效进行干涉，无形中可以避免民间资本为追求利益最大化而牺牲公共利益的问题，并能较好的控制地下街整体经营理念和方向。

图 9　台北市地下商业街实景照片

3. 细节设计、精细管理

细节设计、精细管理是台湾地区地下空间能够保持活力和吸引力的重要原因。以台北市为例，其地下空间营造策略主要有以下几个方面：首先，为丰富商业空间形式，设计者结合不同业态分区突出不同设计主题，并基于此进行差别化空间营造；其次，重视对地下公共空间的管理，除严格禁止商家占用公共走道、保障空间安全与整洁外，由管理单位统一对各节点广场进行美化与主题布置，并利用广场之间的串联，使地下商业空间产生整体的商业氛围；第三，强调空间营造的经济性，台北地下空间装饰经济朴实，但设计精致且不失地方文化韵味和美学观赏价值；第四，以人为本，重视标识系统设计。结合地下交通指示标识和商业广告标识，利用现代化控制设备，台北地下空间形成了健全的空间标识系统，极大地降低了地下公共环境的“陌生感”，提升了本地居民及到访者对台北地下空间的认可度。

图 10　台北市地下商业空间节点实景照片

4. 长效沟通、制度保障

从台湾地区经验来看，凡是地下空间利用比较充分的城市，都具有完善的管理机制和良好的政府、民间沟通渠道，统一协调规划与开发建设，保障了地下空间合理利用。为保障长效沟通机制的有效性和持续性，台北市从角色定位方面积极探索，为我们未来开展地下空间特别是共同管道建设提供了良好的经验借鉴。台北市政府在共同管道建设过程中努力充当引导者、协调者和监督者等多元角色。由于共同管道建设资金需求巨大，政府可以引导社会基金、企业或个人积极投入，或帮助发行股票、债券。面对多元建设主体，政府还应作为多元主体利益的协调者，保障主体利益并帮助其获得合理收益。除此之外，政府还要对投资企业进行适当监控，以便及时调整政策，保障共同管道建设的顺利推进和投资企业的正常运转。

目前台湾地区地下空间开发利用形态主要包括共同管道、大众捷运、地下街和民防工程等，逐步形成了系列管理规定，主要涉及空间权的分层确立、管理主体的民间自管以及政府监督等方面。以共同管道为例，台湾地区先后制定了涉及共同管道规划、建设基金收支保管及运用、建设及管理经费分摊等内容的相关规定。

共同管道的有关规定是台湾地区共同管道建设的主要依据，对共同管道的规划与建设、管理与使用、经费与负担等提出了明确要求，其中有不少条款对于我省具有较大参考价值。比如要求“市区道路修筑时应将电线电缆地下化，依都市发展及需求规划设置共同管道；设有共同管道之道路，应将原有管线纳入共同管道”“共同管道建设完成后，除情形特殊经主管机关核准者外，禁止挖掘共同管道经过之道路”。《共同建设管线基金收支保管及运用办法》（以下简称《办法》）主要规定了各类管线单位费用分摊办法，从投资费用、维护费用、公共建设管线基金等方面进行了详细的规定⑥。以投资费用筹措为例，《办法》规定工程主办机关仅承担三分之一的建设费用，其他均由管线需求单位承担。

四、历史文化保护与利用

回顾台湾地区历史保护工作的发展历程，国内著名学者阮仪三将其划分为三个主要阶段：第一阶段可上溯日据时期（1895 ～ 1945）至上世纪 1960 年代，是台湾地区历史保护工作的萌芽时期，由于该阶段处于特殊政治环境下，历史遗存保护对象仅为具有政治象征意义或观光价值的古迹；第二阶段自 1960 年代至 1990 年代，主要以静态历史文化保护为主；第三阶段是上世纪 90 年代至今，台湾地区全面推动了历史建筑的保护与再利用工作，保护方式由空间保护向社会保护转变，保护理念由保护向再发展转变，保护对象也有突破，许多地方历史性建筑尤其是乡镇中的有价值建筑也开始被保护或整修[6]。

本次考察走访的台南市古城区，自清顺治十八年郑成功率军驱逐荷兰殖民者起，定赤崁楼为承天府，改热遮兰城为安平城，奠定了台南成

⑥（1）投资费用筹措：台湾地区共同管道是由主管机关和管线单位共同出资建设的，其中主管机关承担三分之一的建设费用，管线单位承担三分之二，各管线单位以各自所占用的空间以及传统埋设成本为基础，进一步分摊建设费用。从以上建设资金的分摊可以看出，管线单位基本负担了传统埋设下的建设成本，而主管机关补足了缺额，这种分摊办法易于被管线单位接受，有利于纳管工作，适合于共同管道推动的初期。（2）维护费用分摊：管线单位于建设完工后的第二年起平均分摊管理维护费用的三分之一，另三分之二由主管机关协调管线单位依使用时间或次数等比例分摊。具体维护工作，以拍卖经营权的方式，由经过招投标形式产生的有资质企业进行维护。（3）公共建设管线基金：为确保共同沟建设与维护资金，台湾地区还成立了“公共建设管线基金”，用于办理共同沟及多种电线电缆地下化共管工程的需要。该基金的来源主要包括：政府预算拨款、管线单位提供的专款、其他有关收入等。该基金以贷款的形式为共同沟建设提供资金，利息通常免息或极低，从而保障共同沟所需资金需要。

图 11　台南市历史建筑保护实景照片

为全台湾历史最悠久的文化古城的基础。近年来，随着台南历史保护工作的深入，历史文化在一定程度上得到有效传承，成绩显著。

1. 覆盖各个层次的保护规定

针对台湾地区历史文化保护，分文物保护、历史文化保护区保护、历史文化名城保护 3 个方面。在实施层面上，历史文化保护工作由“都市计划”提供保障。台南市市政府依托历史街区、历史建筑与古迹的基础调查工作，制定“专项都市计划”，划定“城市历史文化特定专用区”，并在此基础上开展城市历史文化保护工作。

2. 整合多方资源的分工协作模式

目前台南历史文化保护工作行动主体包括：政府部门、学界与媒体、建筑规划专业者以及各自主团体等，经过多年的发展形成了明晰的分工协作模式。政府部门作为政策的拟定者，除委请学界进行相关政策研究外，还负责编列预算、政策推动与协调以及征选执行各历史保护规划设计及实施。而学者与媒体可在这个过程中起到监督、倡议和引导的作用。规划设计和维修等专业人员主要进行历史文化的调查、规划和维修工作。社团和地方市民自主形成义工团体，主要负责后续的管理、日常维护，并通过社区营造过程来实践。

3. 容纳社会力量的遗产活化机制

将民间力量纳入政府工作体系成为活化遗产的共识，其主要方式是采用公办民营的方式。即由政府进行硬件设施建设，委托民间团体进行运营管理；或由政府先进行规划，再公开遴选民间团体进行硬件、软件整体经营。在城市再利用和活化为理念指导下，台湾地区历史文化保护将静态保护与动态经济发展相结合，如台南市将传统静态保护的博物馆与特色民宿结合，利用工业遗产文化结合具有人情味的民宿进行捆绑发展的旅游发展形式。

4. 基于多重关系的规划保护方法

台南历史文化保护工作充分重视四个关系的处理：（1）整体与局部的关系：基于对城市环境、历史定位的认识，制定整体保护策略，结合局部历史文化现状因地制宜，强调局部与整体的协调。（2）发展与保护的关系：基于需求调查，重新定位再利用历史建筑的空间功能，重新建立历史性建筑与人之间的关系。以台南安平树屋为例，为充分展现空间的特色与记忆，设计师的总体设计策略是“少干预”，在修缮现有不足的基础上，发掘空间的活动游憩潜力，满足游客空间体验需求。（3）建筑与环境的关系：在保护历史性建筑原貌的同时，划定协调区，强调协调区内历史氛围的营造。（4）人与物的关系：构建参与机制，保障多元主体特别是利益主体的话语权，在台南，历史文化保护工作是政府、建筑师、艺术家、市民等多元主体参与的过程，通过成立保护建设委员会，充分听取各相关利益主体的意见，解决好古迹保护与普通大众利益之间的关系。

五、乡村发展

从 20 世纪 80 年代开始，台湾地区政府已意识到“乡村旅游”这种兼具农业生产、观光、休闲、度假于一体的新型产业是促进乡村经济发展、解决农民收入、推动农业经营的“强心针”。近年来，台湾地区乡村旅游在规模、种类等方面都有不同程度的拓展，呈现多元化发展趋势。主要有乡村花园、乡村民宿、观光农园、休闲农场、市民农园、教育农园、休闲牧场等类型。

桃米里，位于南投县埔里镇，距日月潭仅一刻钟车程。台湾的工业化、城市化把桃米一批批的青壮年吸走，使它变成一个人口结构老化，农业经济衰退的老旧乡村社区。1999 年台湾地震，桃米 369 户人家，有

图 12　桃米里实景

168 户全倒，60 户半倒，成为“明星灾区”。“明星灾区”的身份一下子将桃米长久以来传统农村产业没落、人口外流等尴尬暴露出来，引起了全社会的关注和反思。但是“明星灾区”为何一跃成为“震后明星”，这同样引人深思。桃米经验留给我们最大的印象是，以发展乡村旅游为背景的新农村建设的目标除了“城里人回归自然的乐园”，更应是“村民的美好家园”。

1. 生态为核、顺势而为

桃米里自发展之初便确立了“以生态保护为核心，顺势求发展”的理念，并形成了“生态引游客—村民供服务—百姓得生存—经济得发展”的良性发展循环。在桃米，旅游相关配套设施建设，更多的是依托现有设施进行转型升级，兼顾农业生产功能的同时注入旅游服务功能。在空间营造方面，桃米注重乡村自然生态原真性的保持，整个环境自然、朴质整洁、精致。游客置身于清新、宁谧的环境之中，扑面而来的是乡村原生态的气息，这充分体现了乡村旅游生命力的真正所在。

桃米模式的成功充分体现了乡村顺势发展的重要性，离开了原有的生态环境和生产结构必将给本地乡村居民的长远利益带来不可估量的损失，也必然使得乡村旅游发展不可持续。乡村旅游要充分体现“看农家景、住农家屋、吃农家饭、干农家活、品农家风、享农家乐”的乡村特色。

所以，在我们乡村发展过程中要警惕打着发展经济的旗号，破坏生态环境、强行推进土地流转和农业结构调整，导致原有农村的生态环境和生产结构遭到破坏的现象出现。

2. 以“民”为本、多方协力

从“主体培育”到“本地建设”再到“本地经营”，农民自始至终都是桃米发展的核心。在桃米重建之初，政府和社会组织便认为村民将是社区振兴和发展的主体，非常注重对村民主动性和先进性的培养，通过一系列活动和讲座对村民进行创新理念启发和培训，形成了“教育学习——观念改变——行动实践”的新型村民培养思路。进入建设和运营阶段，桃米旅游项目一般均通过协会、农会及农民合作社组织，由当地农民自己出资建设。如今，社区内河道修复、湿地改造和竹桥、蜻蜓流笼、蛙树屋、凉亭等具有浓郁地方特色的建筑建造，无一不是本地居民参与的成果。在桃米模式中，发展乡村旅游的建设主体是农民，受益主体也是农民。本地政府和社会组织，在此过程中主要负责对乡村旅游景点建设和经营提供全方位服务，包括金融支持、人才培训及统一包装、组织推介、宣传等。

因此，在未来的乡村建设中，我们应充分发挥农民的积极主动性，充分认识到农民是乡村建设的主角，重视对农民的教育提升，把培育新型农民放在乡村发展的核心位置。同时，整合社会资源，建立由政府、农民、高校、企业、社会团体等多元复合的乡村建设力量。

3. “三生”结合、把根留住

台湾地区的乡村营建所取得的成就也并非一蹴而就。从 1994 年“社区总体营造”被提出，本地民众用了几乎十年时间才理解原来“营造”并非是建筑工程更不是被城市化，而是重建乡村人与人之间、人与所处环境之间的关系，营造的是村民的“社区感”，是生活、生产、生态的结合。在桃米，除了能感受到乡村特有的生态气息，更能感受到乡村的淳朴和特有的人文气息。桃米在发展旅游过程中，原有的生产方式、生活方式、宗教活动、议事方式、乡村组织形式等不但没有发生改变，反而成为吸引城市游客的重要资源。

通过桃米的实践，我们应充分认识到：在当前乡村发展过程中，资本下乡应该成为乡村发展的助力器，不应该试图以“变乡为城”思维模式去强行推进乡村建设。要警惕大规模外来资本下乡带来的乡村旅游规模化、都市化和脱离农业、农民、农村的“高大上”倾向。乡村旅游发展应建立在乡村复兴的基础上，要“记得住乡愁、看得见乡容、听得见乡音”，把乡村的“根”留住。

本文原载《江苏城市规划》2015 年第 8 期

（本文作者还有赵毅、杨明、丁志刚、赵雷）

参考文献

[1] 傅玉能.近50年来台湾地区城市和城市体系的发展[J].经济地理,2006,(2):241-245.

[2] 王启东,台湾地区村里功能于角色之研究[D].台北:中国文化大学政治研究所,2002.

[3] 廖南贵.台湾地区乡镇市体制演进与立法过程[J].北京行政学院学报,2014,(3):36-40.

[4] 刘盛,台湾地区村里长角色之研究[D].厦门:厦门大学,2009.

[5] 阮仪三.规划 50 年——中国台湾地区城市历史文化保护规划之回顾与展望[J].2006 年中国城市规划年会论文集：历史文化保护,446-450.

《江苏省城市地下管线综合规划编制导则》解读

改革开放以来，我们的城市发展迅速，事实上存在着重地上、轻地下的状况和问题，所以导致地下管线事故时有发生，直接危及人民的生命和财产安全。为此，从国务院到省市各级政府都发文，要加强城市地下管线的管理。加强城市地下管线的管理，必定涉及规划、建设、管理三大环节，其源头是规划。

为了做好城市地下管线综合规划，首先想到的就是规划怎么编。遇到的难题是国家和省都没有关于城市地下管线综合规划编制标准、规范和规范性文件。为了最大程度的提高城市地下管线综合规划编制的质量和水平，同时又统一全省城市地下管线综合规划编制的成果，我们组织编写了《江苏省城市地下管线综合规划编制导则》，填补了国家和省在这一领域的空白。为了便于相关规划编制和管理人员理解《江苏省城市地下管线综合规划编制导则》，我们撰写了这篇解读。

【摘要】 在加快推进新型城镇化和建设现代化城市背景下，为策应与落实加强城市地下管线规划建设管理相关要求，提高城市综合承载能力和城镇化发展质量，保障城市运行安全，江苏省住房和城乡建设厅率先组织制定了《江苏省城市地下管线综合规划编制导则》，指导和推动全省城市地下管线综合规划编制和管理工作朝着务实、有序、规范、高效的方向迈进。本文对《导则》的重点内容进行解读和阐释，供规划编制人员和规划管理人员参阅。

【关键词】导则；地下管线；综合规划；反馈；解读

一、编制背景

1. 面对问题，加强城市地下管线规划建设工作指导

城市地下管线主要是指城市建成区范围内供水、排水、燃气、热力、电力、通信、广播电视、工业等 8 大类 20 余种管线及其附属设施，是保障城市运行的重要基础设施和“生命线”。近年来，随着城市建设的加快，城市地下管线的规模不断扩大，而城市地下管线综合规划编制滞后，缺乏对各专业管线的综合协调，暴露出城市地下管线安全事故频发、安全隐患突出、空间资源紧张、防灾能力薄弱等问题，“拉链马路”问题也广受百姓诟病。

为贯彻落实《国务院办公厅关于加强城市地下管线建设管理的指导意见》（国办发〔2014〕27 号）和《省政府办公厅关于加强城市地下管线建设管理的实施意见》（苏政办发〔2014〕110 号）的要求，迫切需要编城市地下管线综合规划，全面统筹与协调各类地下管线安全布局，切实做到先规划、后建设。

2. 积极引导，规范城市地下管线综合规划编制工作

目前，国家层面缺乏城市地下管线综合规划编制的标准、办法和规范性文件，管线综合规划编制工作明显滞后，很多城市没有编制管线综合规划，有的城市虽有编制管线综合规划，但其成果质量也是参差不齐，实际可操作性较差。为进一步规范全省城市地下管线综合规划编制工作，发挥规划的引领作用，我省在全国率先制定《江苏省城市地下管线综合规划编制导则》（以下简称《导则》），通过明确规划编制的总体要求、规划技术核心内容和规划成果要求等，统筹协调城市地下各类管线布局，提高城市地下管线规划管理工作的质量和水平。

二、遵循原则

1. 规划引领、统筹建设

城市地下管线综合规划是在结合管线专项规划的基础上，理顺各类地下管线空间关系，优化管线系统布局，集约利用地下空间资源。长期以来，由于缺乏管线综合规划的“管线一张图”引领，无法对地下管线空间布局进行统筹与协调，管线建设各自为政，地下管线的责任和利益相关方（地方政府，各类管线的主管部门、建设方、运营商等等）责权利不清，主体多元，甚至各自规划、各自建设、各自维护、各自运营，造成地下管线布局混乱，安全问题突出。

因此，从保障城市健康发展，加强地下空间的合理利用，减少资源浪费角度，《导则》提出要“坚持先规划、后建设，先地下、后地上的原则，科学规划、统筹协调，做到近远期结合，兼顾远景发展需要，提高城市地下管线规划建设的系统性。”

2. 整合规划、综合协调

目前，各地城市在满足行业建设与发展的前提下，基本上都编制了地下管线专项规划，但这些管线专项规划仅从专业自身角度考虑，在规划编制年限、编制范围、编制深度等方面存在较大差异，将各专业规划简单拼合后，就不难发现诸如同一条道路下出现管线缺少管位、管线及其配套设施重叠交错和相互打架等严重问题，归根到底是缺少对城市地下管线的综合协调和对各专项规划的整合。

所谓整合规划就是要结合城市的发展要求和功能布局合理布置管线，充分利用城市地上、地下空间，与城市道路交通、城市环境以及防洪工程、人防工程等专业规划相协调，在统筹的基础上对给水工程、排水工程、热力工程、电力工程、燃气工程、通信工程等专项规划进行调整，优化和集约利用地下空间资源，做到管线各就各位、各行其责。

因此，《导则》提出要“全面整合、协调各类地下管线专项规划及其相互关系，结合不同城市和行业实际，科学确定各类地下管线的空间布局，加强与城市用地、城市交通、城市景观、综合防灾、城市地下空间利用以及人防工程等规划相协调。”

3. 安全布局、集约使用

由于多年来重建设、轻管理，很多城市地下管线老化、腐蚀、失修，跑冒滴漏普遍、严重泄漏时有发生，甚至导致爆炸等严重后果。通常地下管线的规划建设，考虑综合防灾等安全要求也不够周全，往往由于道路的拓宽，原先敷设在人行道下的管线，被动地移至快车道下，从而在竖向安全间距上出现问题；由于道路下空间资源的限制，在建城区城市更新中，地下管线扩容、更新极为困难，很多地方采取见缝插“管”，忽视与相邻管线或周边工程设施的安全间距要求，这些无疑都增加了管线的安全隐患。

随着新型城镇化的推进，城市地下空间开发利用也将进入快速发展阶段，城市地下管线建设无论从数量上还是从质量上也都将有新的要求，地下空间资源的紧缺成为必然。如何加强管线安全布局、紧凑节约，积极采取城市地下管线综合集约化发展方式——综合管廊尤为重要。

因此，《导则》强调要“合理优化各类地下管线的平面布局与竖向布置，充分协调地上、地下关系，在空间上保障地下管线规划建设安全。挖掘潜力、集约利用城市地下空间，积极引导推进地下综合管廊规划建设。”

三、规划定位

1. 规划层次

城市地下管线综合规划是以城市总体规划为依据的综合性专项规划，是在总体层面的管线规划布局与控制，是编制详细规划和进行地下管线建设与管理的基本依据，是对各专业管线之间以及与其他工程之间位置关系的综合统筹和协调。在规划的深度上，原则上中等及其以上规模的城市，规划深度应至主、次干路等级；小城市的规划深度应至次、支路等级。对于特大城市、大城市，在全市统筹的前提下，也可以分区编制地下管线综合规划。

2. 规划前提

编制城市地下管线综合规划首先须以城市总体规划为依据，各专业管线专项规划（给水、污水、雨水、电力、通信、燃气、热力等）也必须已经编制完成并按规定程序批准。其次，由于管线综合时空间布局与道路断面形式、道路竖向等密切相关，因此也需要有城市道路交通专项规划为依据。此外，还必须具备的一个条件就是城市地下管线普查工作已经完成。因为现状专业管线的管位、管径、标高等信息是地下管线综合规划的基础条件。只有具备上述条件，管线综合规划才有可能全面统筹与协调各专业管线的发展要求，全面布置与控制各专业管线空间布局，才能做到规划精细准确、科学合理、务实可行。

3. 规划反馈

城市地下管线综合规划的编制涉及到诸多相关规划，规划的综合统筹、协调优化、调整实施极为重要。规划编制过程中会因地下空间位置冲突，而对管线及配套设施规划方案进行优化调整，进而产生如配套设施用地规模、道路断面形式、主干管线管位与规模等方面需要反馈的具体内容。

因此，要通过向相关规划反馈优化调整内容，以实现规划的协调衔接，增强规划的可操作性。对于城市总体规划的反馈，主要是针对建设用地性质、建设强度、区域廊道控制、市政公用设施的布局和用地要求以及长输管道等特殊管线的路径及其安全保护要求等提出的调整意见及建议；对各专业管线专项规划的反馈，主要是针对各类地下管线的平面、竖向布置和设施布点等内容提出的调整意见及建议；对道路交通规划的反馈，主要是针对规划道路的宽度、断面形式等内容提出的调整意见及建议。

同时，城市地下管线综合规划还与控制性详细规划密切相关，管线综合规划确定的管位与设施空间布局方案，以及对专业管线规划进行修改调整，最终都需要通过控制性详细规划加以确认、控制与落实。

四、规划核心内容

1. 平面布置

管线平面布置是管线综合的重点内容之一，在布置上应相互协调、合理紧凑。《导则》提出所有地下管线宜规划在道路红线范围内，确因道路宽度不足无法布置的，可延至道路两侧的绿化带内布置。对高压燃气管线、区域输水干管等应在确保安全间距的基础上做到管线廊道归并，以减少对土地资源的分割和占用。对于管线平面布置和综合管线的介质属性、埋深、安全等要求做出了一般性的规定，便于全省相对统一执行。同时，对于地方已有相对成熟的习惯做法，强调要尊重地方习惯，以保持工作的延续性。

管线平面布置还应建立在对各专业规划分析评估的基础上，结合城市发展规模，通过梳理各专业管线发展需求，合理利用道路断面对各类管线进行规划布局，确定管线平面布置，并进一步明确地下管线综合在平面布局中与道路、管线、其他工程设施等之间的相互关系以及管线之间的安全间距要求，特别强调在平面布局规划时，要对道路断面进行校核，避免就事论事、依葫芦画瓢，要建立管线布置与道路断面规划布局的双向互动，使管线平面综合方案更趋安全合理。

2. 竖向控制

在竖向布置中要充分考虑专业管线自身特点与特性（如重力流、压力流等），以及管线最小埋深要求、最小冻土深度要求等控制临界标准，合理确定管线上下排列次序，做到安全避让、经济可行。同时，明确地下管线综合在竖向布置上与道路、管线和其他工程设施等之间的相互关系以及相互避让的安全间距要求，对地下管线穿越不同类型河道时的防护间距要求也作出规定。结合城市地下空间的利用，管线层要和地铁、人防等地下空间的利用协调衔接。

3. 重要地区

所谓重要地区是指城市中心区的主要道路交叉口、管线变化复杂的交叉点以及地下空间重点开发利用区、历史文化街区、地下文物埋藏区等特殊片区、节点。为了更好地协调和解决这些地区、节点处的管线交叉矛盾，实现合理避让与安全布局，需要对这些重要地区、节点的管线综合方案进行细化和深化，增强对规划实施的指导性。同时，应结合当前各地加强城市地下空间开发利用的契机，充分做好二者的协调与衔接，加大地下空间资源整合，通过分层管控等规划策略，提前做好管线综合在地下空间布局中的预留。

4. 综合管廊

城市地下综合管廊是管线综合规划的重要组成部分。综合管廊作为城市地下管线综合集约化模式，越来越被重视与关注。特别是今年《国务院办公厅关于推进城市地下综合管廊建设的指导意见》（国办发〔2015〕61号）以及《城市地下综合管廊工程规划编制指引》（建城〔2015〕70号）等文件的相继出台，将全面加快推进地下综合管廊的规划与建设。综合管廊无疑是解决城市地下管线空间布局不合理，提高地下空间利用效率的有效解决途径。综合管廊作为城市地下“生命线”工程，具有综合性能强、科技含量高、安全性能好、使用寿命长、维护检修易、营运效率高、环境效益佳等特点，基于综合管廊的地位及其特点，《导则》对管线入廊的条件、地下综合管廊适宜建设区域等方面进行了细化说明。从高起点规划、高标准建设、高要求管理出发，提出了综合管廊优先建设地区，并强调应因地制宜，充分结合道路交通、土地开发、自然地质等条件，做好经济与技术分析，在综合管廊规模选择上，要适度超前、留有余地，满足远期发展需求。

5. 设施安排

各专业管线的配套设施种类繁多，如同人体的各项器官，缺一不可。《导则》对各专业管线涉及的相关配套设施进行了筛选，对于管线进出密切相关的具有一定规模的配套设施进行界定，并要求对各类设施进行统筹安排，在充分考虑管线相互关系、相关安全要求及与周边建筑关系、防护要求等基础上，关注邻避效应和防灾安全，从提升综合防灾能力方面，进一步优化设施布局和用地规模，从而在规划中实现真正意义的设施落地，并通过一张图对设施集中反映，实现基础设施黄线的有效控制。

6. 规范成果

为适应大数据时代发展需要，《导则》除对规划编制成果（包括规划文本、规划图件及附件等）纸质文件提出标准要求外，还针对性地对规划电子成果提出要求，要求做到统一标准、规范表达，明确既要有WORD、EXCEL、CAD文件，又要有能与地方规划管理信息系统接轨的规划数据入库，从而便于信息化平台构建，信息共享，实现城市规划管理信息化。

五、结语

编写组希望《导则》对提高我省城市地下管线综合规划编制质量，推动行业规范管理，提升城市基础设施承载能力，增强应急防灾能力，保障城市健康、安全、可持续发展发挥一定的作用。但由于编写时间比较仓促，也限于编写组的能力和水平，《导则》一定存在许多修改完善的空间，寄希望结合使用情况不断修改完善。在《导则》的编制过程中，得到了许多业界同行的帮助和指点，吸取了业界同行许多意见和建议，也吸纳了城市地下管线综合规划方面的最新研究成果，在此一并致谢。

本文原载《江苏城市规划》2015 年第 11 期

（本文作者还有施嘉泓、杨帆）

参考文献

[1]《国家新型城镇化规划（2014 - 2020 年）》（2014 年 3 月 16 日发布）
[2]《国务院办公厅关于加强城市地下管线建设管理指导意见》（2014 年 6 月 14 日国办发〔2014〕27 号）
[3]《国务院办公厅关于推进城市地下综合管廊建设的指导意见》（2015 年 8 月 3 日国办发〔2015〕61 号）
[4]《城市地下综合管廊工程规划编制指引》（2015 年 5 月 26 日建城〔2015〕70 号）
[5]《省政府办公厅关于加强城市地下管线建设管理的实施意见》（2014 年 12 月 25 日苏政办发〔2014〕110 号）

江苏省历史文化保护工作的回顾与思考

长期以来，江苏的历史文化保护工作富有成效，历史文化名城和历史文化名镇的保有量在全国名列前茅。历史文化名城、名镇和名村保护规划的编制工作也全面完成，为保护工作的全面实施奠定了坚实的基础。但在实际的保护工作中，真正的困难是保护工作机制的建立，核心问题是对保护工作价值观的统一，以致同一项保护工程说好者有之，说坏者有之，众说纷纭，难以统一。本文试图从认知和认同、传承与更新、保护与利用、投入和产出、材料和工艺等几个方面加以探讨，但似乎还是没有完全说清楚。

江苏历史悠久、文化积淀丰厚，各种类型的历史文化遗存赋予了城乡丰富的内涵，塑造出各异的城乡性格，展示出不同的地域特色。江苏省在城镇化快速发展的进程中，历史文化遗存保护工作卓有成效。目前，全省拥有国家和省级历史文化名城共 17 座，中国和省级历史文化名镇共 32 座，中国和省级历史文化名村共 13 个，省级历史文化保护区 1 处（表 1）。在新的发展背景和形势下，回顾历史文化保护工作的经验得失，探讨历史文化保护工作的难点问题，有利于进一步做好历史文化保护工作。

表 1　江苏省历史文化名城、名镇、名村、历史文化保护区一览表

类型	序号	名称	批次	公布时间
国家历史文化名城（12 座）	1	南京	第一批	1982
	2	苏州		
	3	扬州		
	4	镇江	第二批	1986
	5	常熟		
	6	徐州		
	7	淮安		
	8	无锡		2007
	9	南通		2009
	10	宜兴		2011
	11	泰州		2013
	12	常州		2015
省级历史文化名城（5 座）	1	高邮	第一批	1995
	2	江阴		
	3	兴化		
	4	高淳		2009
	5	如皋		2012
中国历史文化名镇（26 座）	1	周庄（昆山）	第一批	2003
	2	同里（苏州）		
	3	甪直（苏州）		
	4	沙溪（太仓）	第二批	2005
	5	木渎（苏州）		
	6	溱潼（泰州）		
	7	黄桥（泰兴）		

续表

类型	序号	名称	批次	公布时间
中国历史文化名镇（26座）	8	千灯（昆山）	第三批	2007
	9	安丰（东台）		
	10	余东（海门）	第四批	2008
	11	锦溪（昆山）		
	12	邵伯（邵伯）		
	13	沙家浜（常熟）		
	14	东山（苏州）	第五批	2010
	15	荡口（无锡）		
	16	沙沟（兴化）		
	17	长泾（江阴）		
	18	凤凰（张家港）		
	19	黎里（苏州）	第六批	2014
	20	震泽（苏州）		
	21	富安（东台）		
	22	大桥（扬州）		
	23	孟河（常州）		
	24	周铁（宜兴）		
	25	栟茶（如东）		
	26	古里（常熟）		
省级历史文化名镇（6座）	1	光福（苏州）	第二批	2001
	2	金庭（苏州）		
	3	窑湾（新沂）	第六批	2009
	4	宝堰（镇江）	第七批	2013
	5	白蒲（如皋）		
	6	码头（淮安）		

续表

类型	序号	名称	批次	公布时间
中国历史文化名村（10个）	1	陆巷（苏州）	第三批	2006
	2	明月湾（苏州）		
	3	礼社（无锡）	第五批	2010
	4	杨湾村（苏州）	第六批	2014
	5	东村（苏州）		
	6	焦溪（常州）		
	7	三山（苏州）		
	8	漆桥（南京）		
	9	余西（南通）		
	10	杨柳（南京）		
省级历史文化名村（3个）	1	严家桥（无锡）	第四批	2006
	2	九里（丹阳）		
	3	华山（镇江）	第七批	2013
省级历史文化保护区（1处）	1	草堰古盐运集散地（大丰）	第二批	2001

一、江苏省历史文化保护工作历程

根据全国历史文化保护工作的发展进程以及江苏省历史文化保护的重要文件、事件，大致可以把全省历史文化保护工作分为三个阶段。

1.1982 ~ 2001 年

1982 ～ 1986 年，国务院先后公布了 2 批共 62 座国家历史文化名城，其中江苏就有 7 座城市。江苏省在保护国家历史文化名城的同时，还开始了省级历史文化名城、名镇的申报、认定工作。1995 年和 2001 年，江苏省政府先后公布了 2 批共 5 座省级历史文化名城、10 座省级历史文化名镇。

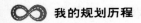

这一时期，全国历史文化名城保护工作开始起步，尚未形成系统的

法规体系，各地依据《城市规划法》（1989）、《关于加强历史文化名城规划工作的通知》（1983）、《历史文化名城保护规划编制要求》（1994），编制历史文化名城保护专项规划，作为城市总体规划的组成部分。

依据法律法规要求，我省的历史文化名城大部分编制了历史文化名城保护专项规划，纳入城市总体规划。部分城市还开始编制各类历史文化遗存的保护规划，如无锡市编制的古运河保护规划、常州市编制的淹城遗址保护规划等。

2. 2002 ~ 2007 年

2003 ~ 2007 年，建设部、国家文物局先后 3 次在全国范围内组织评选历史文化名镇名村，江苏积极申报，先后有 9 个镇获评中国历史文化名镇，2 个村获评中国历史文化名村。2007 年，无锡又被公布为国家历史文化名城。

2002 年，江苏省出台《江苏省历史文化名城名镇保护条例》；2005 年，《江苏省城市规划公示制度》将历史文化名城保护规划和历史文化街区保护规划列为主要公示内容；2007 年，省政府转发《关于加强历史文化街区保护工作的意见》，江苏的历史文化保护工作从历史文化名城的宏观层面逐渐延伸到历史文化名镇和名村，历史文化名城、名镇、名村保护工作不断深化。历史文化名城、名镇、名村的保护工作日益得到重视，保护规划体系初步建立，对历史文化名城、名镇、名村保护工作的认识进一步提高。

3. 2008 年至今

2008 年以后，南通、宜兴、泰州、常州先后被公布为国家历史文化名城；高淳、如皋被公布为省级历史文化名城。先后有 3 批 20 个镇、10 个村被公布为国家和省级历史文化名镇、名村。至此，江苏沿长江南北的 8 个地级城市全部被公布为国家历史文化名城。江苏全省历史文化名城、名镇、名村、历史文化保护区分布情况见图 1。

2008 年和 2014 年，国务院、住房城乡建设部先后出台《历史文化名城名镇名村保护条例》《历史文化名城名镇名村保护规划编制要求》和《历史文化名城名镇名村街区保护规划编制审批办法》等法规，历史文化名城名镇名村保护工作逐步规范化。2008 年，江苏省出台了《江苏

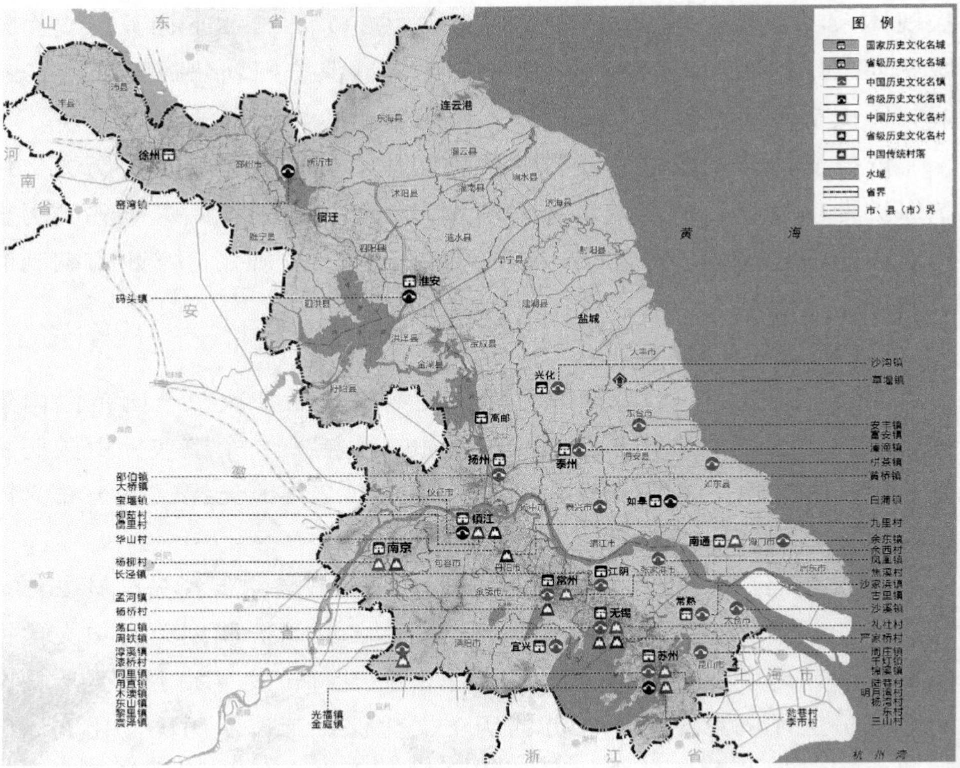

图1　江苏省历史文化名城、名镇、名村、历史文化保护区分布图

省历史文化街区保护规划编制导则》，明确历史文化街区保护规划的内容和深度要求，进一步规范历史文化街区保护规划的编制工作。2014年，江苏还出台了《江苏省历史文化名村（保护）规划编制导则》，在全国率先规范了历史文化名村保护规划的编制工作。

二、江苏省历史文化保护工作的成效

1. 保护制度逐步完善

经过30余年的努力，江苏省已经基本建立起相对完备的历史文化名城、名镇、名村、历史文化街区保护规划的制度，省和地方先后颁布和出台了一批法律法规和范性文件（表2），为名城、名镇、名村、历史文化街区的申报认定、保护规划制定、规划实施管理等方面明确了程序和技术要求，促进了历史文化保护工作的制度化、规范化，保障了历史文化保护工作有序开展。

同时，各地在历史文化保护工作中，出台了一系列相关的政策文件，包括房屋产权、人口疏散、建筑修缮、资金支持与保障、政府支持下的自我更新等，促进了保护整治工作的不断深化。

表 2　江苏省及地方主要历史文化保护法律法规和规范性文件

江苏省	《江苏省历史文化名城名镇保护条例》2002 《江苏省城市规划公示制度》2005 《关于加强历史文化街区保护工作的意见》2007 《江苏省历史文化街区保护规划编制导则》2008 《关于进一步规范省级历史文化名城名镇名村申报认定工作的意见》2009 《江苏省历史文化名村（保护）规划编制导则》2014
南京	《南京城墙保护管理办法》1995 年通过，2004 年修正 《南京市重要近现代建筑和近现代建筑风貌区保护条例》2006 《南京市历史文化名城保护条例》2010
苏州	《苏州市古建筑保护条例》 2002 《苏州市历史文化名城名镇保护办法》 2003 《关于进一步加强历史文化名城名镇和文物保护工作的意见》 2003 《苏州市城市紫线管理办法（试行）》2003 《苏州市古建筑抢修保护实施细则》 2003
常州	《常州市区历史建筑认定办法》2008 《常州市区历史文化名城名镇名村保护实施办法》2009 《常州市区历史文化名城名镇名村保护办法》2013 《常州市区历史文化街区保护办法》2013
扬州	《扬州市老城区民房规划建设管理办法》2009 《扬州市古城保护管理办法》2010 《扬州市历史建筑保护办法》2011 《扬州古城传统民居修缮实施意见》2011 《扬州市古城消防安全管理办法》2014

2. 保护规划全覆盖

随着《历史文化名城名镇名村保护条例》出台，江苏省进一步推进名城、名镇、名村保护规划编制工作，构建起包含历史文化名城、名镇、名村、历史文化街区的保护规划体系（表3），依法组织历史文化名城、名镇、名村和历史文化街区的各类保护规划编制，促进了各类遗存的有效保护和合理利用。

表3 历史文化保护规划体系

遗存类别 / 规划层次	总体规划	专项规划	详细规划
历史文化名城	城市总体规划	历史文化名城保护规划	历史文化街区（地段）保护规划
历史文化名镇	镇总体规划	历史文化名镇保护规划	历史文化街区（地段）保护规划
历史文化名村	——	——	历史文化名村（保护）保护规划

截至目前，全省17座历史文化名城已全部完成保护规划，32座名镇已有26座完成保护规划，13个名村已全部完成保护规划编制。历史文化名城、名镇中的90多处历史文化街区，大半已编制完成保护规划。这些保护规划都严格依据规范、标准进行编制，既重视各类遗存的严格保护，又兼顾利用与发展，符合当地实际。经过省城乡规划主管部门组织的专家论证和法定程序批准后，保护规划成为指导各地历史文化保护工作的法定依据。

3. 各类遗存得到有效保护

经过30年的保护历程，江苏省的历史文化保护工作取得丰硕的成果。苏州古城的整体风貌得到较为完整的保存，南京的名城山水环境、历代都城格局和主要历史城区得到较好保护，南通“一城三片、城河相依”的城市格局和传统风貌、淮安“四湖一垠”自然环境和“三城联立”城市格局等特色均得到彰显。周庄、同里、黎里、溱潼、明月湾等村镇注重整体环境的保护，取得了积极效果。

扬州东关街—东圈门、苏州平江、南京淳溪等历史文化街区保护整治工作，在遗存和风貌保护、产业培育、设施改造、人居环境提升方面成效明显，实现了社会、环境的综合效益。2001 年，西津渡历史文化街区获联合国教科文组织亚太文化遗产优秀奖；2004 年，南京明城墙风光带保护工作获中国人居环境范例奖；2006 年，扬州获联合国人居环境奖；2008 年南京秦淮河环境整治工程获联合国人居奖特别荣誉奖。

4. 遗存的合理利用取得成效

历史文化遗存要利用才有活力，合理利用是有效保护的重要条件。对历史文化名城、名镇、名村的资源进行充分挖掘，通过合理整治、展示、标识等方式，加强与旅游、休闲、服务等产业的结合，彰显当地的历史价值和地域特色，是十分重要的利用手段。对于具体遗存的利用，各地也探索出了各具特色的途径。公共建筑或较大规模的住宅，以文化展示和公共服务等利用方式为主，如南通以博物苑、张謇纪念馆等建筑为核心形成的环濠河博物馆群，南京甘熙故居作为民俗博物馆，规模较大的住宅作为展示陈列馆等。民居类建筑遗存改造作为居住、家庭旅馆、餐饮和传统商贸等功能较多，如苏州大量的古民居仍旧用作居住功能，一些沿街民居改造为咖啡馆、饭店和家庭旅社，扬州东关街、南京高淳老街的沿街民居大多改造为传统餐饮和特色商店，周庄等古镇的民居改作民宿，还有一些传统民居改作社区活动中心的。有代表性的工业遗产，改造整治后多作为文化休闲旅游功能，如南京晨光机械厂经过修缮、整治后成为 1865 科技创意产业园，成为科技、文化、商业、旅游休闲为一体的特色文化街区；常州的大成二厂、三厂，改造后作为纺织工业博览馆和文化旅游景点。

5. 探索出行之有效的机制

历史文化保护工作涉及众多的政府部门和利益主体，具体操作十分复杂，各地对于运作机制和操作模式进行了不同的探索，一般都具有政府主导、国有平台运作、市场化管理等特点。比如扬州市针对具体的历史文化街区保护整治项目，采用“政府主导、国企运作”“政府主导、社会参与”“政府主导、居民参与”和“政府鼓励、民间自发”等 4 种操作模式（表 4）。

镇江市先后成立西津渡古街保护领导小组办公室、西津渡建设发展

表 4　扬州历史文化街区保护运作模式

运作模式	运作主体	运作对象	运作方式	资金运作	优势	局限
政府主导、国企运作	国有全资企业	历史文化街区内所有建筑和遗存	建筑产权统一收归国有，原住户搬迁、异地安置； 房屋统一修缮和复建，统一实施市政设施和配套公共服务设施的改造和提升； 修缮好经营场所全部租赁经营，对经营业态、营销推介以及导游、保安、保洁等旅游配套服务进行统一管理。	集中部分优质资源注入国有企业，做强经营实体； 允许通过市场化运作，积极吸引各类社会资金、银行资金投入，提高投入产出效益，形成投入与产出、保护与利用的良性循环。	有效保护传统风貌，实现历史文化的保护与展示； 高效完成基础配套设施统一配置； 保证历史文化街区整体管理经营秩序； 实现国有资产的保值增值。	必须搬迁部分原住民。安置费用高，资金投入压力巨大。
政府主导、社会参与	区政府成立指挥部、国有公司	历史文化街区内民居遗产	国有平台公司负责将整合优质旅游资源，按照市场化、公司化运作的要求，对外进行金融融资和招商引资。 成立民居客栈投资建设公司，负责民居客栈项目的包装、运营、服务、管理；由居民自主或者委托投资公司进行民居客栈的开发与建设。 成立了民居客栈运营中心，对历史文化街区内所有客栈的运营进行系统化、信息化、网格化管理。 引入专业团队对历史文化街区旅游经营项目进行总体策划，指导项目的运营。 投资商按照约定的条件和要求，负责房屋的修缮和项目的自主经营。	公益性项目和基础设施建设资金由区级财政支出； 经营性项目的建设与运营资金由投资商承担； 民居客栈改造资金则由经营方自筹。	区级政府的综合协调能力为项目实施及长效管理提供保障。 整体提升历史文化街区旅游、安全和市政设施配套水平。 民居客栈的经营方式使房主得到经济收益，调动居民参与保护的积极性。 建立项目融资与运营平台，吸引社会资金投入保护。	资源整合难度大。 投资商受经济利益所限，在项目修缮、经营上与保护要求有矛盾，需要加大跟踪监管力度。

续表

运作模式	运作主体	运作对象	运作方式	资金运作	优势	局限
政府主导、居民参与	街道办实施；市相关部门负责政策制定、技术指导；居民及投资人负责修缮和运营；	历史文化街区内民居	市住建部门制定规划，指导街道办制定政策性意见；负责房屋整治的技术指导，牵头组织工程验收并发放私有住房修缮补贴资金。 街道办事处负责市政道路等基础设施的建设，整治违章建筑、拆除广告及设置店招，组织文化资源的挖掘、整合与利用。 房屋由产权人按指定的设计图自行组织修缮。 整治完毕的房屋用途由产权人自主决定。 街道办对闲置民居进行洽谈、评估、收储和利用。 街道成立公司，履行统一调配、管理的职能，统一办理证照，指导做好消防管理，督促依法运营。	市政设施改造和景观提升工程资金，纳入区财政； 房屋修缮补贴由市财政列支； 公有房屋所需资金由使用人自行筹措； 私有房屋的屋面、墙体等外部风貌修缮整治，房屋主体结构解危及厨卫设施配套等，由市住建部门补贴30%费用。其余资金由产权人自筹。	调动街道、社区的积极性，调动社会各部门资源，有效解决历史文化街区整治过程中的邻里关系、违章搭建、环境卫生等诸多问题。 对闲置民居进行收储和利用，有效整合和利用资源。 通过市场化管理，发展文化旅游产业，增加历史文化街区活力。 保留、延续原住民的生活形态。	资金投入有限，难以实施投资额较大的公共服务与基础设施提升项目。 受收入、居住条件等制约，居民参与房屋修缮、改造的积极性相对较低。
政府鼓励，民间自发	爱好古建筑的企业家	个人出资收购的“新传统民居”	个人出资收购旧民宅、借鉴扬州传统特色精心打造新民居建筑。	个人出资，“以房养房”； 在碰到具备更好改造条件的旧宅时，已有的新“传统民居”往往会转让出去，所得资金用来打造新的作品。	有利于改善普通民居地段的风貌环境。 有利于推动民间资本的积极运作，民间力量参与文化传承。 有利于推动传统工艺传承的市场化运作。	资金门案例槛较高。 相关管理制度和流程不配套。

有限公司、城市建设投资集团西津渡文化旅游有限责任公司，坚持“规划领先、文史领航、精工细作”，依托政府投融资平台，多渠道筹集资金；制定《西津渡街区房屋置换办法》，尊重居民意愿，加强与居民的协商，采取可走可留、可修可换的搬迁政策；提高留住居民的保护意识和参与意识，鼓励改住经商。西津渡历史文化街区前后完成了三期保护工程，取得了较好的效果。

三、新形势下历史文化保护工作的新要求

1. 新阶段的宏观政策对历史文化保护工作的要求

党的十八大提出的中国特色新型城镇化发展战略，注重传承城乡文化和保留历史记忆，关注人与自然和谐的生态文明，让人们“看得见山、望得见水、记得住乡愁”。《国家新型城镇化规划》将“文化传承，彰显特色”作为规划基本原则之一，提出加强名城、名镇、历史文化街区的文化资源挖掘和文化生态的整体保护，传承和弘扬优秀传统文化，推动地方特色文化发展，保存城市文化记忆等要求。

2. 历史文化遗存内涵和外延变化对保护工作的要求

随着经济社会发展，人们对历史文化遗存的认识不断发生变化，遗存的内涵和外延都有很大变化。比如像大运河那样大尺度的线性文化遗产已经得到充分重视，这些遗产与原先点状的文物保护单位、面状的历史文化城镇都不同，其保护的方式、手段也应该有区别。历史文化遗存普查逐步深入，近代遗产、当代遗产、工业遗产的保护日益受到重视。而作为文化内涵的重要组成部分，非物质文化遗产的继承和发扬也越来越重要。这就要求对各类遗存的保护和利用方法、传承方式进行更多的研究和探索。

3. 新时期城乡发展对保护工作的要求

在新的发展时期，城镇化质量越来越受到关注。历史文化遗存的挖掘、保护和利用，世界各国城乡发展的战略性方向，是塑造和彰显独特的地方特色、传承文明的必然要求，是城镇化进程中的重要内容。新时期的历史文化保护工作，需要更加重视处理好保护和发展的关系，在保

护优秀历史文化遗存的前提下，注重设施配套和生活品质提升、非物质文化遗产的传承；更加深入研究保护和利用关系，拓宽历史文化遗存改造和利用的思路，赋予历史文化遗存新的功能和内涵；着力加强历史文化保护相关政策和做法的研究，从修缮和改造方案协商、房屋产权置换、人口安置、产业培育等方面探索行之有效的机制和措施，促进保护整治工作推进。

四、关于历史文化保护工作的思考

由于历史文化遗存本身的特殊性，使得保护工作遇到了种种困难，如物质遗存年久失修，难以承载和彰显历史底蕴；设施落后，生活条件难以满足当代需求；修缮改造缺乏稳定的资金投入；改造之后建筑功能和产权发生变化，原先的生活形态和社会结构难以延续等。况且每一个名城、名镇、历史文化街区保护工作中遇到的具体问题都不同。这就要求我们在历史文化保护工作中，不断反思、探究遇到的新问题，不断拓宽思路、研究解决措施。

1. 认知与认同

历史文化保护工作，尤其是历史文化街区的保护整治，包括功能调整和用地置换、基础设施配套、人口转移、产业培育等工作，涉及到地方政府及相关部门、专家、住户、游客等不同角色的人群。不同立场的人，对于历史文化保护的价值观、诉求和主张差异甚大。地方政府希望改善历史文化街区的面貌，发挥旅游服务功能，产生文化和经济效益；历史学家希望历史文化街区保留原来的样子，以便唤起历史记忆；文物专家希望把建筑遗存修复到最完整的状态，体现曾经辉煌的面貌；原来的住户有些希望保存建筑原貌，有些则希望改造建筑、加装上下水、煤气等基础设施，满足基本生活需要，有些甚至希望直接拆除旧房建新房；游客则希望保持历史文化街区原汁原味的历史风貌，以便体验原住民的生活方式和民风民俗。在这种条件下从事历史文化保护工作，需要进行深入的实地调研，提出针对性的、配套的解决方案，小心处理各方的意见和要求。在共同的保护认知前提下，综合各方的价值诉求，实现各方的认同。

2. 传承与更新

任何城镇都在不断发展变化，在不同历史时期的传承与变化中发展，在旧与新的冲突中演变，这正是历史文化保护工作的价值所在。保护的目的是实现历史延续和文明传承，而不是片面强调静态保护、绝对保护。比如苏州古城在2500多年间，形态和结构一直在发生演进，当代在古城格局、整体风貌、文物保护单位、历史文化街区等方面也进行了较严格的保护，最大限度地保留真实的历史遗存；同时，大量民居也一直在进行必要的整修和改造，局部的公共空间也进行了重新组织，体现了当代人的认知水平和技术能力，居民生活环境和水平也得到了改善。

由于中国木结构古建筑耐久性不强、易被腐蚀和虫害蛀蚀，在使用的过程中，客观上需要不断维修、加固，或者更换局部构件。能保存到现在的古建筑，已经经过多次维修，客观上是不同时代建筑方法和技艺的体现。对于特定的历史文化遗存，应当以什么时候的状态作为原真性标准，“修旧如旧、以存其新”的程度如何把握？应当保护目前的真实遗存，还是某个历史时代的真实遗存？如何辩证地看待传承和更新，在真实性要求和各方实际利益诉求之间找到平衡，是一个值得探讨的问题。

3. 保护和利用

合理利用、永续利用是有效保护的前提。为了激发历史文化街区的活力，引入文化休闲、公共服务的功能往往是必要的。但是一方面古建筑的结构性和功能性日趋衰退，大量建筑遗存急需更新改造、完善设施；另一方面，现代城市功能和生活方式与古建筑形态存在明显的矛盾。有些遗存改造利用起来比较方便，比如原先的公共建筑、大规模住宅、工业遗产等，其形态和尺度比较合适，维修改造、加装设施后即可使用。质量较好的民居，利用的途径也相对较多。而尺度较小、质量不太高的民居，继续作为居住已经不能满足生活需要，且由于尺度、规模、布局等原因，改作其他用途也很困难；即使保护下来，如何使用仍然是个难题，而且存在治安与消防隐患。如何针对各地不同的遗存特点，深入研究、探索这些建筑遗存的利用方式，也是历史文化保护工作的重要方向。

4. 投入与产出

《历史文化名城名镇名村保护条例》规定，历史文化名城、名镇、名村所在地县级以上地方人民政府，根据本地实际情况安排保护资金，列入本级财政预算。然而，历史文化遗存面广量大，而且往往人口密度高，建筑质量差，缺乏基础设施配套，火灾隐患严重；要按照保护法规、规划进行修缮、整治，需要大量的资金投入。国家和省级财政补助能提供一定的引导资金，但是无法做到全面覆盖；况且国家和省级引导资金额度有限，往往还不到实际资金需求的 5%。作为历史文化保护的责任主体，地方政府财政压力巨大。

历史文化遗存保护、地区更新、产业培育是一个漫长的过程，在这个过程中社会效益、文化效益会逐步显现，短期经济效益并不明显。如扬州东关街历史文化街区保护整治工作延续了 6 年，政府先后投入 6 亿多元，原地修缮建筑面积 3.56 万平方米，同步实施道路、水、电、气等市政设施和景观绿化、旅游休闲、卫生、消防、安保等配套设施改造提升，整治修缮并开放了多处文博场馆、一批老字号，引进了一批特色文化旅游休闲项目，成为扬州旅游的新亮点；项目资金投入巨大，投入模式难以复制。镇江自 1998 年成立西津渡街保护领导小组办公室，对西津渡历史文化街区进行分期保护整治，截至 2014 年，共计投入 27 亿元，形成可经营物业 63100 平方米。因此，资金需求巨大、经济收益相对缓慢是当前历史文化保护工作普遍面临的困境。研究多渠道筹集保护资金、多种社会主体参与历史文化保护的途径，以及利用启动资金进行滚动开发的运作模式，是保护工作的重要课题。

5. 材料和工艺

《奈良原真性文件》提出，文化遗产的原真性判断，涉及形式与设计、材料与质地、利用与功能、传统与技术、位置与环境等多方面的原真性信息。对于建筑遗存的修缮和维修，文物专家强调按照原材料、原技术、原工艺，体现原先的装饰和比例尺度。然而传统木结构建筑的木材消耗量巨大，在生态文明建设要求和森林资源匮乏的条件下，大量使用木材不符合节能环保的要求，新型材料的研究和开发迫在眉睫。

同时，国内全面掌握木结构技艺、长期从事古建筑修缮工作的工匠极少，各工种掌握传统技术的手艺人、精通古建筑施工组织和管理的工程技术人员都逐年减少，材料加工和保管技术也濒临失传。尽管苏州香山帮等传统建筑营造技艺列入了国家级非物质文化遗产代表性名录，熟悉古建筑设计和修缮的能工巧匠和专业队伍仍然不多。而现存的大量建筑遗存都有保护修缮需求，各地也有不同的做法和风格特点，目前的施工队伍远远不能满足需要。所以，一方面政府要加强对传统建筑技艺、行业的抢救，加强专业工匠和企业培育和扶持；另一方面，是否能在保持建筑外观的前提下，研究技术创新，采用协调的、可识别的加固、修缮技术，也是急需探讨和研究的。

历史文化遗存凝聚了先人的智慧，传承了悠久的文明，是不可再生的宝贵资源。历史文化保护工作是一项内涵和外延都极为丰富的工作。在新的历史时期，江苏省的历史文化保护工作，需要全社会共同的坚持不懈的长期努力，使江苏省的历史文化名城、名镇、名村、历史文化街区得到更好的保护和利用，彰显不同地区的文化特色，保存人们的乡愁记忆。

本文原载《江苏建设》2016 第 12 期

（本文作者还有方芳 黄毅翎）

参考文献

[1] 张松．历史城市保护学导论．同济大学出版社，2008。
[2] 扬州市城乡建设局，扬州市古城保护办公室．扬州古城保护模式浅析，2015。
[3] 镇江市规划局．镇江市西津渡历史文化街区保护与实施情况简介，2015。
[4] 镇江市建设局．西津渡历史文化街区保护与更新，2008。
[5] 历史文化名城保护规划规范（GB 50357–2005）。
[6] 杨新海．苏州古城保护的观念更新．苏州科技学院学报，2003（5）。
[7] 邹青．关于建筑历史遗产保护“原真性原则”的理论探讨．南方建筑，2008（2）。
[8] 历史文化名城名镇名村保护条例，2008。
[9] 奈良原真性文件（1994）。
[10] 罗才松，黄奕辉．古建筑木结构的加固维修方法述评，古建筑施工修缮与维护加固技术交流集锦，2008。
[11] 许建华，杨会峰，陆伟东．中国传统木结构在继承和创新发展中的问题分析．木材工业，2011（5）。
[12] 孟繁兴，陈国莹．关于古建筑保护与研究的反思，古建筑保护与研究．水利水电出版社，2006。

江苏省镇村布局规划中“自然村”界定研究
——基于乡村发展溯源及江苏自然村特征分析的启示

本次优化镇村布局规划的任务是村庄布局规划。作为空间规划的村庄布局规划，必须以现状自然村庄为规划对象，合理确定规划发展村庄。但在实际工作中，作为规划对象的“自然村”因其形式多样、形态各异而很难界定，导致部分地区规划对象不明晰、自然村现状和规划基数不一致、自然村之间也缺乏可比性等现象出现，致使规划的科学性、合理性无法体现。

本文在“自然村”溯源及发展演变研究的基础上，对江苏自然村总体特征进行分析，进而归纳总结出江苏省镇村布局规划中“自然村”界定的一般性原则，并通过南通市自然村界定实证来阐述镇村布局规划中“自然村”界定的具体方法，为有效推进以“自然村”为规划对象的镇村布局规划奠定了基础。

一、引言

“自然村”，顾名思义是村民长期聚居自然形成的村落，是农民生活生产的主要场所，是传承乡土文化、展示乡村风貌、承载乡愁记忆的空间载体。规划建设好“自然村”，是统筹城乡发展的必然要求，是改善农民人居环境的客观需要，是新型城镇化背景下城乡规划工作的重要任务。当前，伴随着城镇化进程的不断推进，农村人口逐步减少，一部分村庄的消失不可避免，乡村发展需要遵循客观规律，在人口“精明收缩”的前提下实现健康发展，留得下乡韵、记得住乡愁。江苏通过镇村布局规划[1]，对现状“自然村”进行科学分类，选取规划发展村庄，引导公共资源的合理配置和公共政策的“精准”投向，改善乡村公共服务，塑造乡村特色，提升环境质量。

镇村布局规划是以自然村庄为基本单元、以分类引导为重点内容、以服务设施配置为支撑保障的空间规划，是一项接地气的工作，在实际工作中有许多技术难点，其中之一就是作为规划基本单元的“自然村”在部分地区难以界定。具体体现在：一是部分地区对自然村的概念认知不清，有些地区甚至没有自然村概念，而是以村民小组名作为乡村聚落的名称，造成什么是“自然村”说不清楚；二是个别“自然村”规模过小，有些地区规划中将几户甚至一两户人家的聚居点也作为自然村进行统计比较，用几户人家的居民点与成百上千人的居民点比较来选择规划发展村庄，导致规划对象间不具有可比性；三是有些地区规划中将“几个自然村组成的自然村组群”作为一个“大自然村”对待，并确定为一个规划发展村庄，使得自然村现状与规划数量前后不一致，规划效果无法准确评价。因此，探究什么是“自然村”，归纳总结出适用于江苏省镇村布局规划中“自然村”界定的一般性方法，对江苏各地有效推进镇村布局规划工作具有重要意义。

二、“自然村”溯源

“自然村”是对乡村地区农民聚居空间的“当代称谓”，其分布、形态、规模等深受所处地区自然地理条件、经济条件、风俗习惯等因素的影响，差异性较大，有些地区也称为“庄、屯、寨、圩、湾、坝”等。就目前

① 江苏省于2014年在全省范围内开展了镇村布局规划工作，主要任务是对现状“自然村”进行分类，合理确定规划发展村庄（重点村、特色村为规划发展村庄，其余自然村为一般村庄），提出差别化的建设引导要求，明确配套设施建设标准，为乡村地区的公共资源配置和公共财政投向提供依据。

来看，人们对自然村的认识尚不统一，仁者见仁、智者见智，且易与“村落”“村庄”和“居民点”等概念②混淆，但从聚落空间发展演变来看，现在的“自然村”可以认为源起于古代社会的原始“聚落”，经过历朝历代的发展、更迭和演变而来。

1. 古代社会

在原始社会，人类聚居点随时间、气候等的变化不断迁移，无固定的空间形态。直至第一次劳动大分工（农业与畜牧业的分工）[1]，出现了相对稳定的、按氏族血缘关系组织定居的“聚”③[2]，即我们所说的“自然村”的萌芽，“聚”受自然环境的影响较为明显，聚族而居，规模较小，空间呈“大体平等”的内聚向心式布局[3]。

伴随着第二次劳动大分工（农业和手工业的分离），中国进入了奴隶社会，聚落内部与外部发生分化，氏族平等已不再存在，少数聚落渐渐从“乡村聚落”中脱胎而出，成为“城邑”或“城市”④，大部分乡村聚落依附于城邑周边，呈散落分布[4]，该阶段“聚落”主要受自然地理和宗族制度的影响，以一种自然的状态缓慢生长演变，空间较为集聚。

在封建社会时期，中国进入自给自足的小农经济发展阶段，村落主要在小农经济和宗族关系的影响下，一般围绕宗祠或祖墓进行拓展，造就了内向封闭、紧凑布局的村落形态。直至魏晋南北朝时期，首次出现“村”⑤的概念，并逐渐取代其他聚落名称，唐代以后广泛使用并沿用

② 不同学科从不同角度对“自然村”进行界定，或是聚落，或是居民点、或是村落，众说纷纭。

来源	对自然村的定义
《中国方志大辞典》	居民点的一种类型。是指在农村自然条件下，一定数量居民定居的地点。
《中华法学大辞典·宪法学卷》	农村自然经济基础上由1个或多个家族聚居而自然形成的村落。居民多数就地从事农业或林牧渔业和手工业生产。
《人文地理学词典》	自然形成、发展的村落，非行政的村落。由两个以上自然村组成行政村，也有个别大的自然村本身就是一个行政村。我国有些地方，习惯上把自然村称为“屯”。
《中国百科大辞典》	自然形成的聚落，是由村民按生产和生活的需要，经过长时间在某处自然环境中聚居而自然形成的村庄。

③ “聚”是一个原始自然经济的生产与生活相结合的社会组织基本单位。

④ 早期城市的出现并不是商业发达的后果，直到南北朝甚至更晚，城市都是作为政治中心而存在。城邑是少数贵族对多数百姓的统治，是伴随着中间阶层的瓦解而形成的。它既体现着卫君的功能，又实现着城市对乡村的统治，标志着聚落的终结与城乡对立的形成。

⑤ 那时的“村”不是基层行政单位，是自然村落。

至今[5]。

2. 近现代社会

近代以来，中国社会进入动荡期，国家政权开始延伸到乡村社会，并影响着村落发展，加上自然经济的解体和商品经济的发展，乡村宗法组织走向衰落，导致村落扩建的街巷形态和肌理呈现出自由有机的特征。但由于村落发展的惯性，村落仍延续传统特征，未表现出明显的扩散现象。

新中国成立以来，于 1950 年确立了乡、村并存的基层政权模式，“乡”“行政村”同为农村基层政权组织⑥，这个时期，为了区别于“行政村”概念，将原来空间意义上的村落统称为“自然村”⑦。1954 年，“宪法”首次明确乡镇是我国最基层的政权组织，村一级退出政权体系，在乡政权以下的治理单位是自然村落。1958 年，以人民公社取代原来的乡建制，实行公社、生产大队、生产队三级管理，其中生产队的组建考虑了当时自然村的分布、规模等因素。这些改革瓦解了以宗族血缘为纽带的“自然村”管理制度，传统宗族组织弱化，加上“多子多福”的观念，导致人口大幅增加，村庄布局趋向分散。但受严格的宅基地管理政策和落后的农业经济限制，“自然村”外部形态未有大的拓展，仍延续以往紧凑发展的格局。

改革开放后，伴随着家庭联产承包责任制的推行，人民公社逐步退出历史舞台，乡镇再次成为我国基层国家政权，生产大队恢复到原来“行政村”体制，生产队转化为村民小组，转化过程中村民小组的划定也充分考虑了自然村的分布和规模因素。

纵观古代社会、近现代社会的“村落”发展演变历程，其萌芽、发展、演变以及消亡受自然环境、产业经济、社会文化和行政管理等影响较大。早期的村落空间形态主要受自然环境、小农经济和宗族关系的影

---

⑥ 1950 年中央颁布了《乡（行政村）人民代表会议组织通则》和《乡（行政村）人民政府组织通则》，确立了乡村并存的基层政权模式。乡、行政村同为农村基层政权组织。

⑦《中国伦理学百科全书·应用伦理学卷》中指出自然村是区别于行政村而言的。《咬文嚼字》2013 年第 1 期《“行政村”是用以区别“自然村”的》指出为了区别“自然村”，回避不了“行政村”。人们提到“行政村”时，是与“自然村”相对而言的。

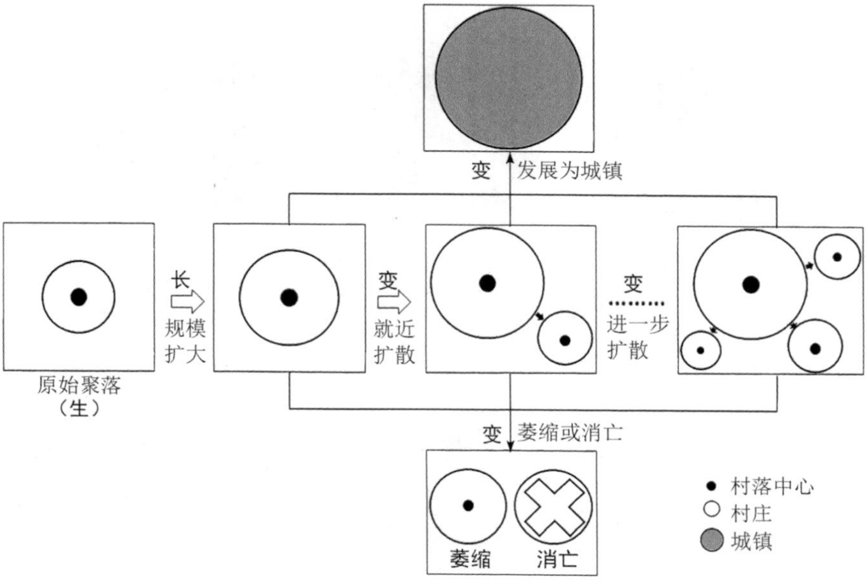

图 1 “自然村”空间发展演变示意（来源：笔者自绘）

响，形成了相对紧凑的村庄聚落。伴随着规模壮大，有些村庄跳出原有聚落就近扩散发展而形成“大集聚、小分散”的空间形态，部分“村落”借助政治、交通、经济、文化等优势条件发展成为“城镇”，也有部分“村落”由于饥荒、旱涝、战乱、疫病以及行政等因素逐步萎缩甚至消亡（图 1）。

建国以前的“村落”，除了是农民聚居的空间场所外，还兼具生产组织、经济管理、行政管理等多重功能，依托宗族网络、乡绅治理等维系。建国后，随着经济社会发展和行政体制的改革，行政村承担起行政管理的职能，村民小组承担起经济管理的职能，自然村成为单一空间属性的乡村聚落。而作为空间管理单元的“自然村”，与行政管理序列的行政村和作为经济组织的村民小组在空间、规模、包含与被包含等方面存在着错综复杂的关系，已经不能用传统的认识来理解现在的“自然村”（图 2、图 3）。

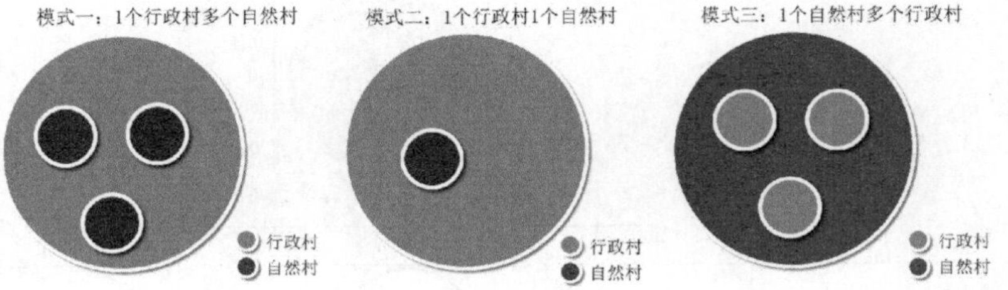

图 2　自然村与行政村关系示意图

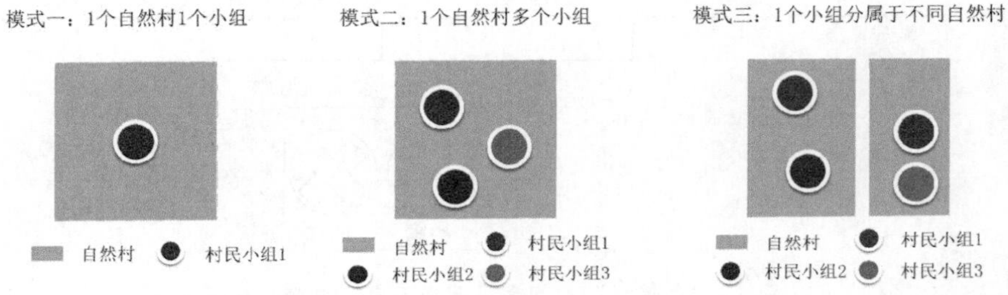

图 3　自然村与村民小组关系示意图（来源：笔者自绘）

三、江苏省镇村布局规划中“自然村”界定

江苏地域辽阔，地区间的自然地理条件、经济发展、风土人情等方面差异较大，加上人民公社时期“三级所有、队为基础”[⑧]的乡村基层管理体制对村庄社会空间的重组，导致不同地区对“自然村”的理解有明显的地域差异。有的地区村庄历史相对久远，受宗族、文化等因素影响较大，“自然村”概念清晰、有历史延续的“自然村”村名、空间界限相对明晰，如苏南的江阴、句容等地；而有的地区村庄形成时间较短，宗族、文化等因素对村庄的影响相对较小，自然村的概念模糊，居民一般视“村民小组”为其生产生活的基本空间单元，如沿海地区的南通等地；也有地区两者兼有，如里下河地区的高邮等地。

⑧“三级所有”是指生产资料和产品分别归公社、生产大队和生产队三级所有；“队为基础”是指在人民公社的三级集体所有制中，生产队一级是基本核算单位。

1. 江苏自然村的总体特征

（1）空间特征：受自然环境影响显著，形态多样

江苏地域广袤，平原、山区、湖荡相间，“村落”的选址、发展、布局受自然环境影响深刻，多样的自然地理环境造就了多样的村落空间形态，体现了村落与自然环境的适应关系。平原地区自然村受地形地貌的限制较少，规模通常比较大，呈团块状布局，如黄淮平原地区自然村；而山区的自然村通常比较小，建筑依山就势，高低错落，民居顺应山势布局，如宁镇丘陵地区自然村；水网密集地区村民逐水而居，自然村沿水系呈条带状布局，如沿海垦区自然村。但在小农经济和宗族凝聚力的影响下，不论何种形态的村落空间均较为集聚（图4）。

平原地区村庄（徐州）　　丘陵地区村庄（镇江）　　沿海地区村庄（南通）

图4　江苏不同地形地貌地区自然村空间形态（来源：遥感解析）

近现代以来，尤其是工业化以后，宗族凝聚力弱化、乡村经济多元发展、城镇化快速推进，加之耕地保护、居民分户等因素的影响，村落跳出原有聚落空间在外围就近选址建设的现象更加普遍，空间趋向分散，形态多样[6]。根据笔者研究，江苏自然村内部居民点空间关系可概括为独立集聚型、一主一附型、一主多附型和均质分散型等类型，且同一自然村内居民点之间距离较近，自然村之间空间关系可概括为空间离散型、团块连片型和条带连绵型（图5、图6）。

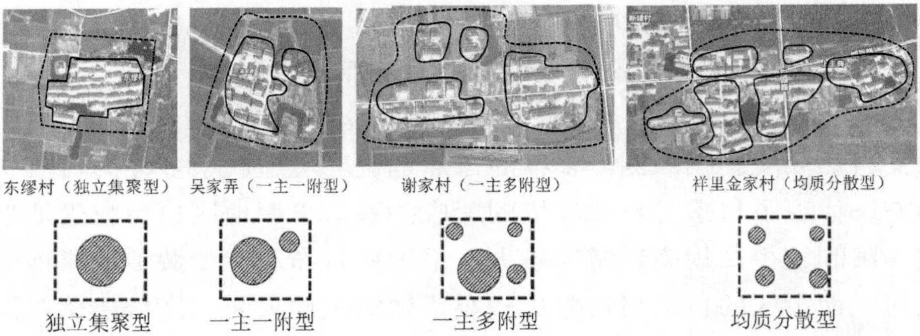

图 5　自然村内部村庄聚落空间关系示意图（来源：笔者自绘）

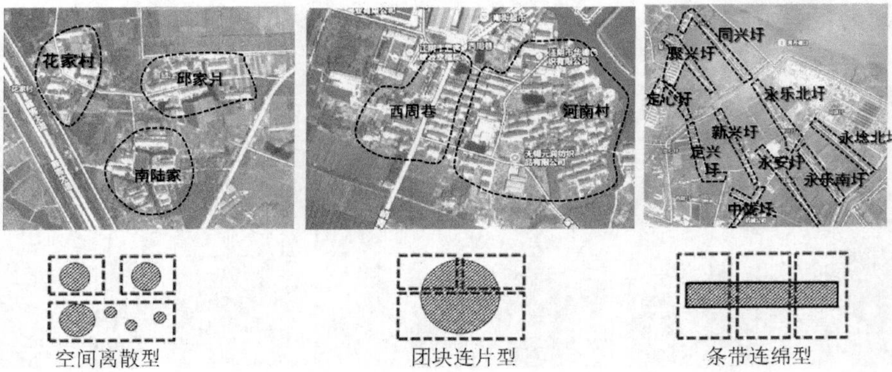

图 6　自然村与自然村之间空间关系示意图（来源：笔者自绘）

（2）规模特征：地域差异性较大，一般 1 个自然村包含 1 个以上村民小组

自然村人口规模受地形地貌和所处地区的经济社会文化发展水平影响较大（表 1）。苏南地区水网密布，自然村规模相对较小，如江阴市现状自然村平均人口规模为 177 人 / 村，最大的新桥镇杨巷里人口达 1860 人，最小的青阳镇塘桥村仅有 30 人；苏中地区自然村规模相对较大，如泰兴市现状自然村平均人口规模为 421 人 / 村，最大的分界镇埠口桥人口规模达 9459 人，最小的滨江镇四方村人口规模仅为 28 人；苏北地区自然村规模普遍较大，如东海县现状自然村平均人口规模为 1012 人 / 村，最大的桃林镇陶东新村人口达 10402 人，最小的安丰镇砂礓咀人口为 140 人。

表 1　不同地区自然村规模差异对比

地区	县市	自然村数量（个）	村民小组数量（个）	自然村平均规模（人）	最大自然村规模（人）	最小自然村规模（人）	最小村民小组规模(人)
苏南	江阴市	2922	9233	177	1860	30	30
苏中	泰兴市	2307	4392	421	9459	28	28
苏北	东海县	976	3073	1012	10402	140	57

数据来源：《江阴市镇村布局规划》、《泰兴市镇村布局规划》、《东海县镇村布局规划》、江苏省村庄环境整治名录

从三个市（县）自然村与村民小组的数量和规模对比来看，不论苏南、苏中和苏北，现状村民小组数量均高于自然村数量，自然村的人口规模均大于等于村民小组的人口规模，说明一般情况下自然村包含一个以上村民小组、一个村民小组位于同一个自然村内。

（3）社会文化特征：历史底蕴深厚，大多“聚族而居”

历史传承留下的自然村一般文化底蕴较为丰厚，从村名来源便可见一斑。如江阴徐霞客镇南苑村，现状 39 个自然村均有一个明确且有文化意义的名称，其中，以姓氏（如任家坝、谢家村、吴家弄等）和地形地貌特征（如水塘上、东旺村、河南村等）命名为主，分别占比 51% 和 34%，部分自然村以典故（如七房庄）、重要建筑（如楼下）等命名，分别占比 10% 和 5%。

“聚族而居”是自然村形成和发展的主要社会因素，并表现出一定的排他性。在空间上表现为同姓的人围绕宗祠聚居，外来人群居住在外围空间。现代化和城镇化的冲击导致宗族凝聚力趋向弱化[7]，血缘网络逐渐被地缘、业缘关系所“稀释”。但宗族力量的排他性在村庄整理中仍然发挥着较大的作用，村民一般不愿意搬迁到其他自然村居住，也不愿意其他自然村的村民搬入本村居住。如睢宁县凌城镇张圩自然村，起源为张氏家族聚居，迁入的村民主要分布在村庄东、西两侧，姓氏较多（图 7）。

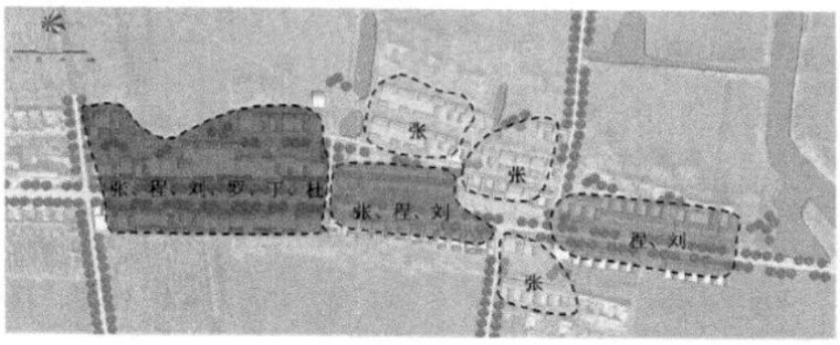

图 7　睢宁县张圩自然村姓氏分布

2. 江苏省镇村布局规划中“自然村”界定

由于江苏各地对自然村理解差异较大，在镇村布局规划中的自然村界定需要结合各地情况采取不同的策略。根据上文总结的自然村特征，可以从以下方面综合考量。

（1）空间边界相对清晰

自然环境在村庄的形成、发展、演变的过程中承担着不可或缺的角色。因此在界定“自然村”时，要综合考虑山体水系、农田林地、道路桥梁等要素对村庄发展的影响，可以用山、水、林、田、路等作为自然村的空间边界。如在沿海的南通地区，村庄沿道路、水系呈条带状分布，连绵几公里，不利于乡村集约建设和公共设施的配置，需要结合水网、道路、农田等的布局对村庄进行空间界定。

（2）聚落空间相对集聚

自然村发展演变遵循着选址生长、发展壮大、就近扩散、萎缩甚至消亡的一般规律。因此从空间上界定“自然村”，不能仅认为是一个村庄聚落，它可以由一个或多个村庄聚落组成，但从利于空间管理和资源配置的角度看，同一个“自然村”内部聚落在空间上不宜过于分散，应当相对集聚。对于两个及以上自然村连绵成一个大的聚居空间的情形，“自然村”应当各自认定，不能仅从空间上简单地认定为一个自然村。

另外近年来，因社会主义新农村建设、农民拆迁安置等各种因素在乡村地区选址新建的具有一定规模、界限相对清晰的村庄（农民小区），应当界定为自然村，因城镇扩张产生的城中村、镇中村，虽然空间上已经进入城镇化区域，但在镇村布局规划中也应该作为自然村考虑。

（3）人口规模相对适度

江苏现状自然村数量多，规模大小不一，但从自然村发展历程上来看，维持一个村落的正常运作，村落空间、人口规模、外围农作空间需要满足一定程度的“均衡”，当单一角度的村落空间扩张无法缓解人口与土地、人口与农耕的矛盾时，村落便会就近演变为多个，以达到资源的平衡和空间管理的高效。

镇村布局规划中，从资源配置的经济性和规划对象（自然村）之间的可比性来看，“自然村”应当具有一定的人口规模，但规模不宜过大或过小，规模过小会给设施配置带来一定困难，造成资源的浪费，而规模过大会破坏村庄的传统风貌，公共服务设施也难以实现全覆盖。界定时可以以“村民小组”作为规模参照，一般一个自然村宜包含一个以上村民小组，包含多个时，应当考虑规模适度问题。

（4）社会联系相对紧密

由于村庄具有一定的历史文化传承，且受宗族影响深刻，近现代以来宗族影响虽有所弱化，但宗族的排他性在村庄整理中仍然发挥着较大的作用。因此，在界定“自然村”时，除了考虑村庄边界、空间、规模等要素外，还要充分考虑社会文化因素，充分尊重地方的乡风民俗，兼顾村民认知的延续性，处理好村民社会关系。如有的地区虽然村民住宅空间上较为接近，但是村民之间社会联系较弱，有的甚至存在矛盾，在进行自然村空间界定的时候，要充分了解和尊重村民意愿，在此基础上划定自然村。

四、实证研究

本文选取自然村概念模糊的典型地区——南通市 A 行政村自然村界定作为实证案例，按照“空间界限相对明晰、聚落空间相对聚集、人口规模相对适中和社会联系相对紧密”的一般性原则，界定镇村布局规划中的“自然村”。

1. 南通地区村庄空间形态演变

南通沿海地区早期“泥沙淤积成陆”，土地含盐很高，不适宜农作物生长。1900 年代初，晚清实业家张謇针对“高天大海之间一片荒滩”的现状，结合当时“农以垦荒为先”的政策背景，创办了“通海垦牧公司”[8]，开始兴修水利，开垦农田。其具体做法为开挖纵横交错的河流，通过水系降低土地盐碱度，使之适宜耕种，沿河又修建住宅，内部围合处为农田，当地称之为“圩”或“圩田”，此为南通沿海地区村落的最初空间格局。

20 世纪 70 年代前后，地方政府开始沿河规划道路，为方便居民出行，房屋多沿路建设，传统沿河布局的村庄形态，逐步演变为沿河、沿路布局。

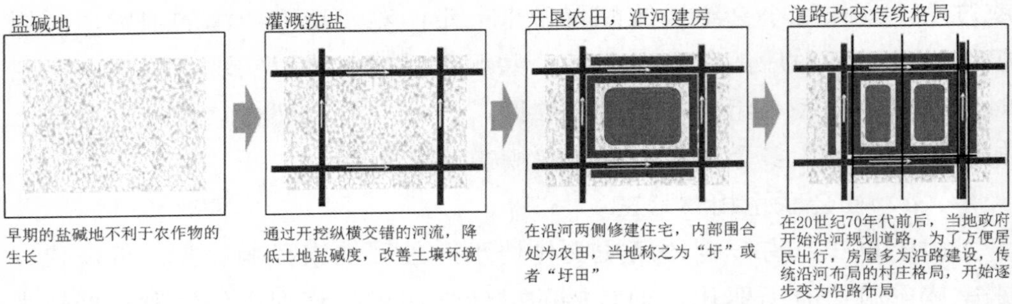

图 8　南通沿海地区村庄形态演变示意图[9]

21 世纪后，尤其是 2005 年全省推进镇村布局规划以来，又出现了规划新建的农民集中居住区，其空间形态与城镇居住小区基本相同（图 8）。

2. A 行政村概况

全村村域总面积 4.7 平方公里，户籍人口 4462 人，辖 32 个村民小组，平均每个村民小组 139 人，其中，最大的村民小组 256 人，最小的 46 人（表 2）。该村地处南通沿海地区，其村庄空间格局的形成与演变基本遵循了上述规律，全村目前存在两种典型特征的村庄，一种是沿河

表 2　行政村基本情况一览表

村民小组名称	户籍人口(人)	村民小组名称	户籍人口(人)	村民小组名称	户籍人口(人)
1 组	123	12 组	82	23 组	46
2 组	130	13 组	154	24 组	52
3 组	133	14 组	91	25 组	172
4 组	48	15 组	209	26 组	200
5 组	124	16 组	105	27 组	113
6 组	86	17 组	221	28 组	57
7 组	139	18 组	254	29 组	244
8 组	146	19 组	120	30 组	140
9 组	144	20 组	147	31 组	78
10 组	165	21 组	143	32 组	256
11 组	113	22 组	227		

沿路条带状布局的村落，另一种是集中新建的农民居住小区（滨河新苑）。

3. A 行政村自然村界定

从村庄发展的历史演变来看，南通沿海地区的村庄大多形成于 20 世纪初，人类聚居时间不长，宗族、亲缘关系相对薄弱，村庄大多是以农业生产为纽带形成发展的。当地村民没有自然村的概念，村内长期的生产组织、建设管理、数据统计等都是以村民小组为基本单元，因此，对 A 村进行自然村界定时原则上不宜将一个村民小组划分到两个不同的自然村中。

镇村布局规划项目组在与地方政府、村两委和村民进行充分沟通的基础上，综合考虑空间、规模和社会文化等方面因素，对村域的自然村进行界定。考虑到空间形态因素，将建设基本连成一片，村民住房互有穿插，边界划定存在困难的多个村民小组界划定为一个自然村，例如 6 ～ 9 组和 29 ～ 30 组。考虑到人口规模适中，将现状人口规模相对较小的村民小组与邻近的村民小组合并成一个自然村，例如 4 组仅有 48 人，建议与邻近的 5 组合并界定为一个自然村。考虑到社会文化因素，将文化习俗相同、日常交流频繁、村民相互认可的村民小组界定为一个自然村，例如 13 和 14 组的村民相互间交流频繁，日常活动基本均集中在 13 组内的活动广场，村民相互之间认可度也较高，两个小组的人口规模也相对适中，因而将其界定为一个自然村。其他的大多以 1 个村民小组作为 1 个自然村认定。

按照上述的自然村界定原则，该村 32 个村民小组（图 9）被认定为 20 个自然村，作为本轮镇村布局规划的工作对象（图 10）。

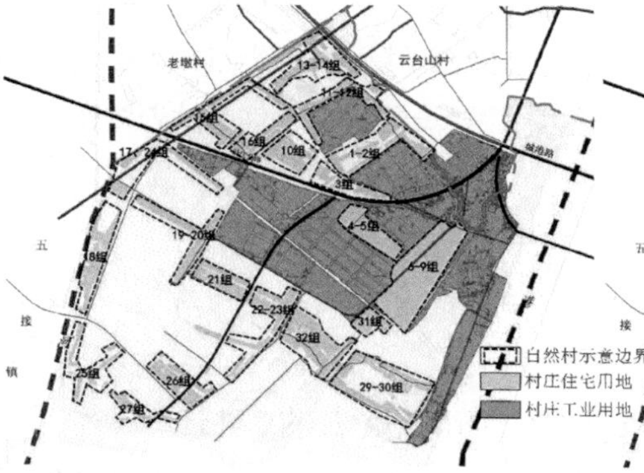

图 9　现状村民小组分布图

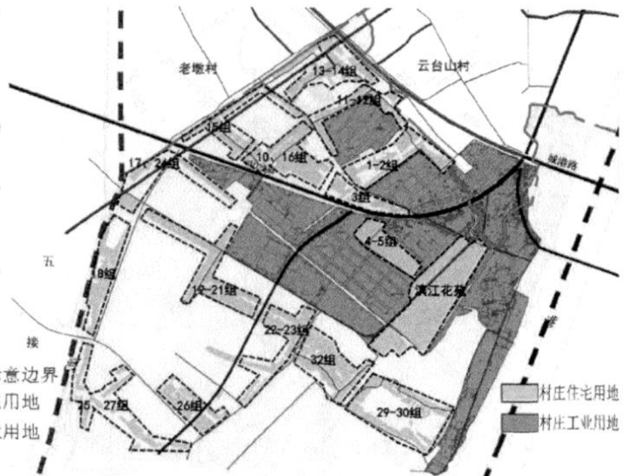

图 10　自然村划分示意图

4. 规划成效

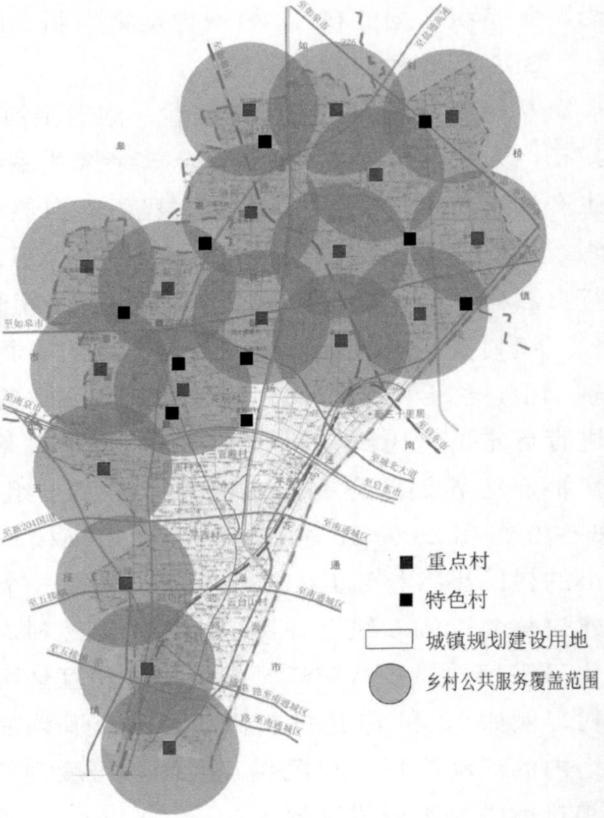

图 11　南通市 A 行政村所在镇镇村布局规划图

按照上述原则，镇村布局规划将 A 行政村所在镇现状 739 个村民小组界定为 482 个自然村，并按镇村布局规划要求进一步细分为 18 个重点村，10 个特色村和 454 个一般村。在村庄分类的引导下，将重点村打造成为乡村地区的公共服务中心，配套相应的公共服务设施，按照步行 10 分钟的公共服务覆盖范围计算，基本实现了乡村地区公共服务的全覆盖（图 11）。特色村在既有特色基础上，着力做好历史文化、自然景观、建筑风貌等方面的特色挖掘与展示，发展壮大特色产业、保护历史文化遗存和传统风貌、协调村庄与山水自然环境的有机融合、培育村庄形态和建筑特色。一般村原则上控制村庄建设，但应保证村庄环境整洁卫生，道路和饮用水等应满足居民的基本生活需求，逐步引导一般村人口向城镇和规划发展村庄集聚。

五、结语

科学合理的镇村布局规划有助于形成相对稳定的镇村空间体系，是新农村建设的基础，是留住乡愁记忆的重要手段，也是实现城乡统筹发展的重要举措。作为镇村布局规划的基础性工作，在江苏乡村发展区域差异大、村庄形态千差万别的省情下，相对准确、客观地界定“自然村”至关重要。

本文在“自然村”溯源及发展演变研究的基础上，通过对江苏自然村特征的分析，归纳总结出江苏省镇村布局规划中“自然村”界定的一般性原则，并通过南通市自然村界定实证来阐述镇村布局规划中“自然村”界定的具体方法，为有效推进以“自然村”为规划对象的镇村布局规划奠定了基础。

本文原载《规划师》2016 年第 32 卷
（本文作者还有赵毅、吕海、李瑞勤、张飞）

参考文献

[1] 徐建春 . 浙江聚落：起源、发展与遗存 [J]. 浙江社会科学，2001（1）：31.
[2] 杨毅 . 我国古代聚落若干类型的探析 [J]. 同济大学学报：社会科学版，2006，17（1）：4，51.
[3] 李红 . 聚落的起源与演变 [J]. 长春师范学院学报：自然科学版，2010（3）：82–87.
[4] 马新 . 远古聚落的分化与城乡二元结构的出现 [J]. 文史哲，2008（3）：88–90，88、90–92、94，90.
[5] 刘再聪 . 村的起源及“村”概念的泛化——立足于唐以前的考察 [J]. 史学月刊，2006（12）：6.
[6] 张鑑，赵毅 . 基于新型城镇化背景的镇村布局规划思考 [J]. 江苏城市规划，2015(1):10.
[7] 王沪宁 . 当代中国村落家族文化——对中国现代化的一项探索 [M]. 上海：上海人民出版社，1991.
[8] 苑书义 . 孙中山与张謇的农业近代化模式述论 [J]. 学术研究，1996（10）：22–27.
[9] 张小林，梅耀林，李红波，汪晓春 .2012 江苏乡村调查：南通篇 [M]. 北京：商务出版社，2015.

基于规则意识和礼让精神的交通自觉

圣托里尼，希腊的一个海岛，著名的旅游胜地，因“蓝天、碧海、阳光、白房子”而享誉世界。近百平方公里的海岛上没有信号灯和交通警察，交通虽然谈不上快捷，但却有条不紊、井然有序，笔者认为“一慢、二停、三看、四通过”是其不二法宝，但更深层次的原因是人们基于规则意识和礼让精神的交通自觉。

当我们每个人都向往文明、守护规则之时，就会自觉地敬畏法规、约束自我、规范行为，日常生活中司空见惯的交通陋习便会与我们渐行渐远，城市中各种交通问题才有可能得到全面而系统的解决。

说起希腊的“圣托里尼岛”，也许不少人都耳熟能详，它隶属于希腊南爱琴海大区基克拉泽斯州的群岛，总面积约 96 平方公里，其中最大的岛也叫圣托里尼，面积近 80 平方公里。从行政区划上看，圣托里尼包括 4 个小镇，13 个村落，最为著名的当属费拉小镇和伊亚小镇。

圣托里尼岛因“蓝天、碧海、阳光、白房子”而闻名，与其说它是个海岛，倒不如说是由几个小镇组成的旅游胜地，与其说是个旅游胜地，倒不如说是个可以让人无限放松、在海边晒太阳发呆的“海中乐土”。这个只有万人左右常住人口的海岛，每年却可以吸引数倍于常住人口的游客来此旅游度假，如果不是当局根据旅游容量对游客进行限制，游客人数还会更多。

圣托里尼的“蓝天、碧海、阳光、白房子”

圣托里尼目前主要通过圣托里尼机场、阿西尼奥斯港与外部联系。岛内交通也相当便捷，已有道路基本串联了所有小镇和主要居民点。通过航空或水路到达圣托里尼的旅客，可提前预订酒店的专车接送，也可乘公交车和的士往返目的地。费拉是圣托里尼的交通换乘中心，巴士总

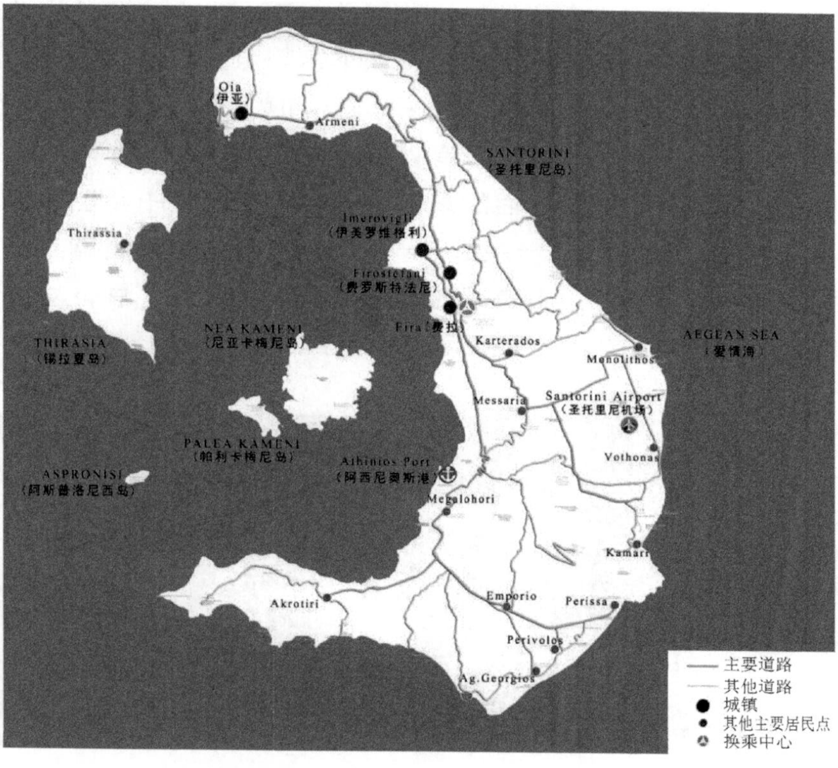

圣托里尼交通示意图（根据网络资料绘制）

站和的士车站都集中于此，线路基本覆盖全岛，有驾照的话也可选择租车自驾，但最好先了解当地的停车、单行管制等相关交通信息。比较有趣的是，岛内作为日常交通方式的还有缆车和驴道，驴道用于输送游人和行李的同时，也成为圣岛的一道别样风景。

许多游客喜欢这个海岛，倒也并不奇怪，也许欧洲、美洲等地区的人们喜欢日光浴和发呆。奇怪的是旺季时近十万人的海岛交通，没有交通信号灯，也不见交通警察，虽然谈不上快捷，但却井然有序，这引起了我们的好奇心，也值得我们深思和关注。究其原因，从表面上看，可以总结为“一慢、二停、三看、四通过”；但从深层次分析，则是人们基于规则意识和礼让精神的交通自觉。

一慢：圣托里尼除了几片集中建设的小镇和村落外，几乎都是山丘荒地，道路一般也就双向两车道，在小镇区域，一些道路只能单向通行。尽管没有限速标志，许多道路甚至没有道路交通标线，但路上行驶车辆都井然有序。人们都自觉的保持比较慢的车速，也许到海岛旅游度假晒日光浴发呆的游客根本就不需要快。从车辆牌照上看，海岛上有当地的车辆，也有通过轮渡进入海岛的外来车辆，但大家都能保持相对慢的车速，没有人试图与众不同，也没有人心急如焚的急着超车，更没有人因为等候着急而按喇叭催促前面的车辆。在车辆行驶途中，也有堵车的时候，但人们就是习惯性的一辆接着一辆的等，除了等还是等。在我们的现实生活中，这是一件很不容易的事情，只要有可能，总有些人希望伺机超车、变道加塞、左超右挤，还有通过路肩超车的，更有甚者不惜占

圣托里尼的道路空间

用应急车道违法超车。在我们的现实生活中，做不到的事情，但在这个海岛上做到了，也许“慢”是保持海岛交通井然有序的原因之一。

二停：在海岛上，不仅没有信号灯，而且许多道路没有交通标线，甚至在道路交叉口也没有交通停止标线。但是，所有车辆经过交叉口时，都会主动停车，而且是车轮静止的完全停车。次要道路的车辆会主动礼让主要道路的车辆，转弯车辆会主动礼让直行车辆。也许这是欧洲、美洲等地区交通规则长期约束的结果。车辆在道路交叉口的主动停车行为，不仅保证了交叉口的通畅，而且避免了交叉口交通事故的发生。在我们的现实生活中，有信号灯的交叉口，人们普遍都能遵守交通信号，有序通行。但是，在没有信号灯的路段，尤其是从支路左转进入主路、从单位出入口左转进入主路等，那就是一个字“挤”，想方设法地挤，能挤一点就挤一点，往往因为一辆车的左转，影响许多车辆的通行，而且极易酿成交通事故。这些车辆为了自己的通行，完全没有顾忌其他车辆的社会成本。因为人们遵章守法的自律行为，因为少数车辆的停顿，换来了多数车辆的通行，也许“停”是保持海岛交通井然有序的原因之二。

三看：因为在道路的交叉口没有交通信号灯，所以在交叉口停留的司机主要靠看，通过观察来判断决定车辆的重新启动和通过。尤其是在次要道路等候的司机或需要转弯的司机不仅会视交通状况主动让行，耐心地等待通过时机，甚至会主动挥手示意，作出礼让主要道路和直行车辆先行通过的手势。当然，被礼让的司机也会竖起拇指回应，表示感谢，司机的互动俨然已经替代了交通信号和交警的指挥。而我们的现实情况是，只要有一点空间，有些司机就会不遗余力地挤，全然不会顾及交通大局，更不会顾及其他车辆的通行。顾全大局和顾及他人交通的“看”，是一种社会公德和个人素养，也许“看”是保持海岛交通井然有序的原因之三。

四通过：在确保安全的前提下，驾驶员才会启动车子，行驶通过。这样的通行当然是有序的，也是安全的，也会减少许多人为的交通堵塞，避免许多交通事故发生。给人留下特别深刻记忆的是在一个小镇上，有一条很窄的小巷，只能一辆车子通行，但却没有单向交通的标志，车到巷口，司机会主动观察是否有来车，然后决定是否通过。即便遇有对向

圣托里尼的路外停车空间和驴道

圣托里尼的慢行和休憩空间

来车，也会主动倒车让行，所以也未见因为两车相向“顶牛”各不相让而导致交通堵塞的情况发生。

现代交通秩序的建立，理所当然的需要交通标志标线，要靠交通信号等硬件设施，这些我们能够做到，事实上我们已经做到了，而眼下我们最欠缺的是人们的公共交通意识。交通硬件设施是外因，参与交通的人及其公共交通意识是内因，只有人的公共交通意识增强了，交通问题才会从根本上得到缓解甚至解决。现实生活中，我们大家都在抱怨城市交通问题，但我们从来就没有反思过我们自己可以或者应该做点什么？譬如，我们可以选择尽量不开车，乘乘公交地铁，骑骑公共自行车，减少一点交通拥堵；支路进入主路，尽量多等待多礼让，减少对主路的交通影响；行车途中尽量避免变道加塞，减少对正常行驶车辆的影响；在没有信号的道路交叉口，主动停车观察再通过，尽量避免交通事故；在停车场及规定停车处以外的地方不乱停车，以免影响城市交通等诸如此类的自我要求。

总而言之，交通是个人参与的公共行为，我们必须倡导社会文明和公德意识，要以平和的心态顾及社会利益，要摒弃以我为中心的狭隘思想，避免浮躁焦虑的自私心态，公共优先、礼让在先。所以，当前我们迫切需要解决的问题是提高个人的公共交通意识，只有作为交通主体的人的素质提高了，日常生活中司空见惯的交通陋习才会与我们渐行渐远，交通问题才有可能得到全面而系统的解决。

我们需要依法依规的行为准则，我们还需要整体利益的公德意识，我们更需要礼让谦和的个人自律。

本文原载《江苏城市规划》2016 年第 9 期

（本文作者还有赵毅）

关于扬子江城镇群建设的几点建议

2017年被聘为省政府参事室特聘研究员，作为特聘研究员，需要提交“参事建议”，这是受聘以后的第一篇参事建议。

在“以城市群为主体形态推进新型城镇化”和“长三角城市群规划”的背景下，结合江苏的现状和发展条件，江苏省委、省政府提出全省“1+3”的空间格局，其中“扬子江城市群就是其中的“1”，也是最重要的空间组成部分。在各方纷纷热议“扬子江城市群”的背景下，我也不自觉地参与了讨论。

李强书记在省第十三次党代会报告中明确提出“以长江两岸高铁环线和过江通道为纽带，推进沿江城市集群发展、融合发展。”这就要求我们遵循城市群发展规律，抓住国家推进长江经济带、长三角世界级城市群建设和上海建设全球城市区域的发展机遇，依托沿江地区打造扬子江城市群，这不仅是沿江各市协同发展的趋势，更将是江苏融入长三角世界级城市群建设的战略选择。目前，相关部门积极研究，社会和学界广泛讨论，许多成果对于扬子江城市群的建设具有积极的引导和促进作用。基于扬子江城市群建设的重要性，研究和讨论还将不断深入。现结合扬子江城市群发展态势和国际城市群的比较研究，就扬子江城市群的建设提几点建议。

一、发挥南京在城市群建设中的引领作用

城市群的竞争往往反映为核心城市的竞争，龙头城市地位和作用的发挥决定了整个城市群的功能和层级。南京应持续放大国家江北新区发展效应，巩固和提升其在长江经济带和长三角城市群两大国家战略中的国家中心城市地位。一是发挥自身科教文化优势，聚力创新，加快产业转型升级，打造智能制造之都。二是建设区域性国际航运中心，成为上海国际航运中心的辅中心、江苏省乃至长江下游的物流中心。三是发展风险投资、产业发展基金以及金融租赁等智力与资本密集型的金融服务业，建设区域金融中心，以支持科技与产业创新。

二、重视南通潜在新兴中心城市的培育

顺应世界级城市群发展的规律，江苏应在长三角北翼发展圈层上培育中心城市，加强上海对苏中苏北地区的辐射带动。南通“据江海之会、扼南北之喉”与上海隔江相望，借助紧邻上海区位优势和优越的工业基础，已成为苏中、苏北地区综合实力与发展潜力最强的城市。优先培育发展南通，需确立其作为长三角北翼中心城市的目标定位。一是加强引导苏南转移产业优先向南通集聚，保持全省总量同时支持南通发展。二是加快通州湾一流国际性海港建设，构筑水、公、铁、航空等多方式集疏运体系，大力提升江海联运能力与水平。

三、加强城市群内部产业链接和联动

城市群的核心概念是城市间密切联系，若城市仅在空间上集聚而并无联系，只能说是城市密集地区而不是城市群。因此，在市场化分工协作过程中，应更加注重群内各城市间的产业分工联系，加强产业链接和微循环，深度推进区域经济一体化。一是依托南京与镇江、南京与扬州不同的资源禀赋和创新资源，借鉴美国 128 公路的经验，打造宁镇创新走廊（G312 区域创新带）。二是围绕苏南自主创新示范区等创新载体，

促进农业、制造业与创新的联动发展，在苏南地区构建融科技服务、研发、生活服务为一体的开放式、混合功能的创新空间，共同培育具有国际竞争力的制造研发基地。三是推动沿江风景路建设，串联区域重要旅游景点和历史文化古镇、古村等资源，形成一体化的文化休闲旅游健康网络。

四、强化交通设施网络化的引领和支撑

区域的一体化和同城化是长三角城市群未来的发展趋势，从日本东京圈发展经验看，其已形成了多主体、多层次、多方式的交通体系。因此，我省当前迫切任务是改变目前北沿江地区高铁尚属空白以及区域过江通道东缺中疏的现状，建立网络化的综合交通体系。一是加快构建以北沿江铁路和南沿江铁路为主线的沿江高铁环线，建议与上海协商由启东接入上海虹桥和浦东枢纽。二是优化跨江高铁通道布局，在目前既有的区域过江通道基础上，规划南京（大胜关/上元门）通道、扬镇（五峰山/扬马）通道、常泰通道、靖澄通道、沪通通道、沿海通道、沪崇苏通道等7处高铁过江通道。三是借鉴日本都市圈等区域公交一体化运行机制，探索建立区域高铁和城际铁路一卡通机制体制，最终实现扬子江城市群区域轨道公交化运营。四是加强港口集疏运系统建设。以港口为核心，整合内河航道、铁路支线、高等级公路，形成功能完备的沿江港口集疏运体系。

五、建立扬子江城市群空间信息系统

以基础空间数据为载体，利用云计算、大数据、移动网络等新技术，建立标准统一、数据全面、边界清晰、安全可靠、便于扩展的扬子江城市群综合数据云中心，实现与全省数据共享交换，支撑区域规划协调管理全过程，深度挖掘规划数据价值，围绕规划编制协作、城市群协同管理、建设实施评估和辅助决策等功能，提升规划管理和决策的智能化、科学化水平，为省委省政府决策系统提供规划数据支撑。尽快确立牵头部门和专业

技术团队，统筹汇总省、市各相关部门经济社会和空间数据，并引入大数据研究机构的技术支持。

六、创新开放治理的多层次协调机制

城市群治理和协调是实现城市群整体协同与持续发展的关键，精准、有效的局部干预实现“整体效益最优”则是治理转型的方向。扬子江城市群需要建立更加开放治理体系，进行多层次多领域的协调。一是建立省级高位协调的联席会议制度，负责城市群发展的整体协调。二是鼓励城市群内部城市组群间的充分协调，建立类似宁镇扬、江阴－靖江、苏锡常、临沪地区等不同城市间和区域间的协调机制。三是借鉴荷兰兰斯塔德地区区域协调体系，建立多样化的正式或非正式的协调机制，沿江 8 市间也可以构建相关城市组成的在交通、住房、就业、旅游等方面的合作平台和协作组织，加强相关城市间的联系和协作。

本文原载《参事建议》2017 年第 13 期

（本文作者还有丁志刚）

关于加强工业建筑遗产保护的建议

江苏的工业建筑遗产，见证了近代江苏社会生产力的变革与发展，记录了江苏乃至中国近现代工业化的历程和城市发展轨迹，对于了解江苏工业文明的价值取向、工业技术、工业组织、工业文化等，具有极其重要的作用。

当前，由于认定标准的局限，法律保障的缺失，保护经验的匮乏，以及一些不合理的利用方式，导致不少具有重要价值的工业建筑遗产遭到破坏甚至消亡，抢救保护工作日趋紧迫。

作为省政府参事室特聘研究员，有责任建议：充分认识工业建筑遗产保护的重要性和紧迫性；加快工业建筑遗产的普查和建档工作；明确工业建筑遗产的保护要求和措施；促进工业建筑遗产的多元化利用。

一、全省建筑遗产保护成效显著

江苏历史悠久、人文荟萃，是我国较早接受西方文化和现代工业文明影响的地区之一。长久以来相对安定的社会环境，为境内城镇经济兴盛和文化繁荣奠定了坚实的基础，江苏也由此成为全国文化遗存保存最多的地区之一。建筑是城市活着的历史，是城市文化、城市风貌的集中体现，也是承载人们“乡愁记忆”的重要载体。基于这种认识，全省各级政府一直以来都十分重视历史文化保护相关工作，建筑遗产保护成效显著。

1. 历史文化名城、名镇、名村保护工作稳步推进

历史文化名城、名镇、名村是传承历史文化、保护地域特色、见证社会发展的空间载体，是历史文化保护的重要对象。建筑遗产集中连片是历史文化名城、名镇、名村的重要特征，重视并有效开展名城、名镇、名村的保护工作，有助于建筑遗存的保护和利用。江苏各级政府历来十分重视历史文化名城、名镇、名村的建设和保护工作，其数量和质量一直稳居全国前列。目前，江苏拥有国家历史文化名城 13 座、中国历史文化名镇 27 个、中国历史文化名村 10 个，中国传统村落 28 个。同时，还拥有数量众多的省级历史文化名城 3 座、名镇 12 个、名村 8 个，另有一批省级传统村落待公布。

2. 历史文化街区和文物保护工作成绩斐然

历史文化街区是保存文物特别丰富、历史建筑集中成片、能够比较完整和真实体现城市传统空间格局和历史风貌，并具有一定规模的区域。随着各地积极开展历史文化街区的划定和保护工作，江苏已拥有由住建部公布的中国历史文化街区 5 个、由省政府公布的省级历史文化街区 56 个，另有 50 多个历史文化街区待公布。文物保护单位具有较高的历史、艺术、科学价值，是重要的历史文化遗存。通过各级政府的努力，文物保护工作也取得了不菲的成绩，目前，江苏拥有国家重点文保单位 220 多个，省级文保单位 880 多个。同时，各地还拥有数量众多的市、县级文保单位。

3. 工业建筑遗产保护工作开始起步

江苏作为中国近代工业文明的摇篮，以金陵制造局为代表的近代工厂推动了中国民族工业蹒跚起步，以张謇、荣氏兄弟为代表的实业家掀起了近代工业发展的第一轮高潮，工业建筑遗产之于江苏，具有重要的意义和价值。就全省目前情况来看，工业建筑遗产保护工作已经开始起步，逐渐受到各级政府和社会各界的关注，涌现出一批很好的工业建筑遗产保护与利用的优秀案例。比如，南京 1865 创意园区（前身为金陵制造局）、无锡北仓门生活艺术中心（前身为民国期间蚕丝仓库）、南通唐闸大生纱厂、常州国光计算机厂等。

二、工业建筑遗产的特殊性

由于工业建筑具有“体量大、形式单一、与产业类型和工艺高度相关”等特征，使得工业建筑遗产与其他建筑遗产相比，在历史价值、产业特点、建筑风格和功能利用等方面存在着诸多的特殊性。

1. 历史价值

工业建筑遗产是具有历史学、社会学、建筑学和科技、审美价值的工业文化遗存，是近代民族工业的先驱和现代工业的先行者。江苏的工业建筑遗产，见证了近代江苏社会生产力的变革与发展，记录了江苏乃至中国近现代工业化的历程和城市发展轨迹，对于了解江苏工业文明的价值取向、工业技术、工业组织、工业文化等，具有极其重要的作用。

2. 产业特点

工业建筑遗产展示了特定历史时期和历史条件下特殊的生产工艺状态，呈现出独特的产业特点，是城市工业发展的活化石，具有极高的历史展示意义和研究价值。国内外不少城市将老工业建筑改造成为博物馆、展览馆、体验馆，重现特定历史时期工业发展状态和生产工艺，从而激活老工业建筑的历史感和真实感，实现了工业建筑遗产的活化利用，让承载历史的老建筑焕发出新的生命力。

3. 建筑风格

与公共建筑的“精雕细琢”不同，工业建筑遗产在建筑风格和形式上往往比较单一、不会过分雕琢，大多数是同时期地域文化、时代特征的一般性代表。这种“一般性”特质，往往使工业建筑遗产游离于政府和公众视线之外，难以引起重视，造成“难于搜寻、难被发现”，给保护工作的顺利开展造成了一定的障碍。

4. 功能利用

工业建筑遗产一般“跨度大、层高高、体量大”，其特有的建筑结构和形式，造成其再利用时的功能选择和空间使用具有较大的特殊性。因此，要拓展工业建筑遗产再利用的使用用途，既可以延续原有工业生产的功能，又可作为文化休闲、博览展示、商业服务等功能使用，为城市产业转型和大众创业、万众创新提供空间载体。

三、工业建筑遗产保护的建议

结合江苏工业建筑遗产保护工作开展情况，借鉴发达国家和地区先进经验，对江苏工业建筑遗产保护工作提出以下建议：

1. 充分认识工业建筑遗产保护的重要性和紧迫性

工业建筑遗产是文化遗产的重要组成部分，是最具地域特色和个性的历史文化资源，保护工业建筑遗产是城市发展的战略需要和内在动力，是打造城市品牌、实现可持续发展的重要保障，是经济社会协调发展、和谐发展的文化体现。当前，由于认定标准的局限，法律保障的缺失，保护经验的匮乏，以及一些不合理的利用方式，导致不少具有重要价值的工业建筑遗产遭到破坏甚至消亡，抢救保护工作日趋紧迫。因此，各级政府和有关部门要充分认识工业建筑遗产保护的重要性和紧迫性，以时不我待的高度责任感，投入到工业建筑遗产保护的工作中来。

2. 加快工业建筑遗产的普查和建档工作

各地应根据地方实际，加快工业建筑遗产的普查和建档工作。普查工作要明确工业建筑遗产普查的历史阶段、对象特征和具体要求，要充分利用新技术新手段，发挥“互联网 +”的信息联动效应，广泛调动社会各界的积极性，采用专项调研、基层单位上报、社会征集等多种形式，使工业建筑遗产普查成为全社会的自觉行动。对于普查到的工业建筑遗产要加快依法登记、建档，分类制定保护规划，建立保护名录。比如，南京市政府在今年初公布了南京市工业遗产类历史建筑和历史风貌区保护名录，对 1930 年代至 1970 年代形成的工业遗产类历史建筑和历史风貌区进行普查、认定并提出保护要求，值得全省学习推广。

3. 明确工业建筑遗产保护的要求和措施

根据工业建筑遗产价值、空间分布集中程度等特征采取灵活多元的保护措施。对于保护价值较高、集中连片的工业建筑遗产区可按规定依法划定为历史文化街区或历史地段，对于具有较高保护价值的工业建筑遗产个体或组群可依法公布为文保单位或历史建筑。对于工业遗产建筑，应当严格按照相关法律法规要求进行保护。同时，要加强工业建筑遗产的规划引导，完善《工业建筑遗产保护专项规划》的编制，加强专项规划与法定城乡规划特别是控制性详细规划的衔接。加快工业建筑遗产保护的立法立规工作，使工业建筑遗产保护与合理利用工作尽快走上法治化轨道。

4. 促进工业建筑遗产的多元化利用

要充分挖掘工业建筑遗产蕴含的大量历史文化信息，发掘其产业价值、社会价值、美学价值、经济价值和科学技术价值，遵循“找出来、保下来、活起来”的总体思路，充分与城市功能融合，创新利用形式，促进工业建筑遗产的多元化利用。目前，比较可行的再利用形式包括改造成为双创产业园区、工业遗址公园、文化休闲街区等。西方的德国、英国和荷兰，国内的上海、杭州，省内的南京、无锡、常州、南通等城市，均有着较为先进的工业建筑遗产保护与再利用经验，可以进一步总结推广借鉴。

本文原载《参事建议》2017年第27期
（本文作者还有赵毅）

后记

之前，已经出版的两本文集《我的交通历程》（东南大学出版社出版）、《我的援疆历程》（东南大学出版社出版）和即将出版的《我的规划历程》，基本上都是迁就于工作而做的命题作文，主要是因为工作需要或基于当时养家糊口的需要。《我的规划历程》付印之时，也是我即将退休之日，这就意味着我期盼已久的轻松的退休生活即将开启。

退休之前，其实有点身不由己，主要精力只能关注工作。在退休后，也许可以写些轻松随性一点的文章，譬如在计划中并已启动的《我的人生历程》和《我的乡愁记忆》。前者主要记述我前半生历尽磨难的成长过程，后者主要记录我对历史文化的感悟。希望这两本集子能够早日完稿，但这完全取决于退休以后的精力与心情了。

在此，我要特别感谢东南大学出版社的江建中社长和张新建总编，谢谢两位老朋友的大力支持和帮助。

2018 年 5 月 21 日